国家级精品资源共享课
立项课程配套教材

互联网 + 职业技能系列
职业入门 | 基础知识 | 系统进阶 | 专项提高

软件测试技术
实战教程

ALM、UFT 与 LoadRunner | 微课版

Practical Tutorial on Software Testing

汇智动力 编著

人民邮电出版社
北京

图书在版编目（CIP）数据

软件测试技术实战教程：ALM、UFT与LoadRunner：微课版 / 汇智动力编著. -- 北京：人民邮电出版社，2019.11（2023.7重印）
（互联网+职业技能系列）
ISBN 978-7-115-49141-1

Ⅰ. ①软… Ⅱ. ①汇… Ⅲ. ①软件－测试－教材
Ⅳ. ①TP311.55

中国版本图书馆CIP数据核字(2018)第187627号

内 容 提 要

本书是《软件测试技术基础教程 理论、方法与工具》的姊妹篇。《软件测试技术基础教程 理论、方法与工具》详细介绍软件测试活动中所需的理论知识、测试方法及常用测试工具，而本书则以实际案例结合流行的商用测试管理工具 ALM、自动化测试工具 UFT、性能测试工具 LoadRunner，详细介绍软件测试理论、测试方法及测试工具在项目中的具体应用。

本书共分为 8 章，内容包括项目分析、团队构建、测试平台应用讲解，Web 项目功能测试实施流程及方法，利用 HP 公司自动化测试工具 UFT 进行功能自动化测试，利用 LoadRunner 实施完整的考勤业务性能测试。同时，附录提供丰富的文档案例模板，便于读者在实际项目实施过程中参考。

本书可作为高等院校、高等职业院校软件测试专业的教材，也可作为社会培训机构的培训教材，同时也适合从事软件测试工作的读者自学参考。

◆ 编　著　汇智动力
　　责任编辑　马小霞
　　责任印制　王　郁　马振武
◆ 人民邮电出版社出版发行　　北京市丰台区成寿寺路 11 号
　　邮编　100164　电子邮件　315@ptpress.com.cn
　　网址　http://www.ptpress.com.cn
　　北京虎彩文化传播有限公司印刷
◆ 开本：787×1092　1/16
　　印张：13.5　　　　　　　　　2019 年 11 月第 1 版
　　字数：338 千字　　　　　　　2023 年 7 月北京第 4 次印刷
　　　　　　　　定价：45.00 元
读者服务热线：(010)81055256　印装质量热线：(010)81055316
反盗版热线：(010)81055315
广告经营许可证：京东市监广登字 20170147 号

前 言 PREFACE

信息大爆炸时代,人们获取知识的渠道越来越多,如何在纷繁的资源中获取具有针对性、解决实际问题的知识是目前急需解决的问题。对于想学习软件测试、进入软件测试行业的初学者而言,有一本能够指导其将理论运用到实际项目中的教程是一件非常幸运的事,而这正是一位拥有十多年软件测试经验和职业培训经验的资深测试工程师不懈努力的事业。

本书贯彻党的二十大精神,注重立德树人,重点培养学习者的软件测试实践能力和软件测试工程师岗位职业素养。本书从一个实际的 Web 项目案例开始,从项目分析、团队建设、需求分析、用例设计、功能测试执行、自动化测试实施直至性能测试,详细地剖析了软件测试工作的实施流程、测试技术及主流商用测试工具。

全文共分 8 章,第 1 章概要地介绍了软件测试的基本概念与案例项目情况;第 2 章讲述了在公司中接到测试任务后测试部的工作情况;第 3 章详细描述了测试活动中所需的规范操作设计,介绍如何编写具有指导意义的测试计划及方案;第 4 章详细介绍测试需求分析方法及利用 ALM 实施需求管理;第 5 章讲述了在测试需求基础上如何利用等价类、边界值、状态迁移等方法设计系统测试用例,并结合 ALM 实施用例管理;第 6 章讲述了手工功能测试活动的内容与实施方法;第 7 章重点讲解了 UFT 基本应用及在 Web 项目中设计自动化测试框架并实施测试;第 8 章重点讲解了如何进行性能测试需求分析、性能指标提取、性能测试用例设计、脚本录制优化,使用 LoadRunner 完成性能测试等方面的知识。全书系统全面地讲述了软件系统功能、自动化、性能测试的分析、设计与结果评价方法。除此之外,书后还附上了常用的文档案例模板。全书以软件测试工作流程为主线,以软件测试技术为辅,介绍了在实际的项目中开展软件测试并完成功能、自动化及性能测试工作。

本书主要有以下几个特点。

- 本书为国家级精品课程、国家级精品资源共享课立项课程配套教材,配有 43 个在线微课视频配合图书同步讲解,读者可扫码观看。
- 本书是作者多年的工作经验总结。作者从事软件测试工作多年,以独到的视角理解软件测试理论与实际工作的联系,从而帮助读者加深对软件测试理论知识的理解。
- 书中的案例采用具有代表性的业务模型 OA 系统,来源于实际公司提供的免费试用软件,读者可自行下载学习。
- 书中包括手工功能测试、自动化测试及性能测试三大核心,不纠缠于苦涩的理论知识,尽可能利用直白的表述方法,阐述一个 Web 项目完整的测试过程。

由于作者水平有限,书中疏漏与不妥之处定然难免,恳请广大读者指出,不胜感激!

编著者

2023 年 5 月

目 录 CONTENTS

第1章　软件测试与项目分析……………1

1.1　软件测试定义 ………………………1

1.2　软件测试目的 ………………………1

1.3　软件缺陷定义 ………………………2

1.4　缺陷产生原因 ………………………2

1.5　软件测试分类 ………………………4

　　1.5.1　按测试方法划分 ………………4

　　1.5.2　按测试阶段划分 ………………7

1.6　软件测试流程 ………………………8

1.7　测试项目分析 ……………………10

　　1.7.1　测试目标定义 ………………10

　　1.7.2　项目背景分析 ………………10

　　1.7.3　测试任务识别 ………………11

　　1.7.4　测试资源分析 ………………11

　　1.7.5　测试风险分析 ………………11

　　实训课题 ……………………………12

第2章　团队组织及任务分配……………13

2.1　团队人员构成 ……………………13

2.2　测试组织结构 ……………………14

2.3　测试团队建立 ……………………15

　　2.3.1　测试组长任命 ………………15

　　2.3.2　测试小组建立 ………………16

2.4　测试工作任务 ……………………17

　　2.4.1　测试任务分配 ………………17

　　2.4.2　组员日常工作事务 …………18

2.5　管理平台配置 ……………………18

　　2.5.1　测试管理工具选择 …………18

　　2.5.2　ALM 工具介绍 ………………19

　　2.5.3　ALM 后台管理 ………………21

　　2.5.4　ALM 项目自定义 ……………24

　　实训课题 ……………………………29

第3章　测试计划与测试方案……………30

3.1　测试计划设计 ……………………30

　　3.1.1　测试计划定义 ………………30

　　3.1.2　测试计划目的 ………………30

　　3.1.3　测试计划设计 ………………31

3.2　测试方案设计 ……………………31

　　3.2.1　测试方案定义 ………………31

　　3.2.2　测试方案目的 ………………31

　　3.2.3　测试方案设计 ………………31

　　实训课题 ……………………………32

第4章　测试需求分析与管理……………33

4.1　测试需求分析 ……………………33

4.2　测试需求管理 ……………………36

　　实训课题 ……………………………41

第5章　测试用例设计与经验库…………42

5.1　测试用例设计 ……………………42

5.2　测试用例管理 ……………………49

5.3　测试经验库 ………………………50

　　5.3.1　功能设计 ……………………50

　　5.3.2　信息提示 ……………………51

　　5.3.3　系统交互 ……………………51

　　5.3.4　容错处理 ……………………52

　　5.3.5　数据边界 ……………………52

　　实训课题 ……………………………53

第6章　手工功能测试执行………………54

6.1　测试环境搭建 ……………………54

　　6.1.1　测试环境配置要求 …………55

　　6.1.2　硬件采购安装 ………………57

　　6.1.3　操作系统安装 ………………57

　　6.1.4　JDK 安装与配置 ……………58

6.1.5　MySQL 安装与配置 ……… 63
6.1.6　Tomcat 安装与配置 ……… 72
6.1.7　被测应用程序部署 ……… 76
6.2　测试用例执行 ………………… 82
6.2.1　测试集创建 …………… 82
6.2.2　测试集执行 …………… 83
6.2.3　测试集执行策略 ……… 88
6.3　缺陷跟踪处理 ………………… 88
6.3.1　测试工程师提交缺陷 … 92
6.3.2　测试组长处理缺陷 …… 94
6.3.3　开发组长处理缺陷 …… 94
6.3.4　开发工程师处理缺陷 … 95
6.4　回归测试 ……………………… 96
6.5　功能测试报告输出 …………… 97
实训课题 ……………………………… 100

第 7 章　UFT 自动化测试实施 ……… 101
7.1　自动化测试简介 …………… 101
7.2　UFT 简介 …………………… 102
7.3　UFT 实现原理 ……………… 103
7.4　VBS 自动化编程 …………… 104
7.4.1　VBScript 简介 ……… 104
7.4.2　VBScript 基础 ……… 105
7.4.3　数据类型转换 ……… 108
7.4.4　输入输出函数 ……… 109
7.4.5　类型判断函数 ……… 109
7.4.6　字符串处理函数 …… 110
7.4.7　时间处理函数 ……… 110
7.4.8　语句逻辑结构 ……… 111
7.4.9　VBScript 过程 ……… 113
7.4.10　文件操作 …………… 114
7.5　UFT 功能基础 ……………… 115
7.5.1　对象与对象库 ……… 115
7.5.2　录制与回放 ………… 116
7.5.3　检查点 ……………… 118
7.5.4　变量 ………………… 126
7.5.5　描述性编程 ………… 129
7.6　UFT 高级应用 ……………… 131
7.6.1　脚本开发流程 ……… 131
7.6.2　录制开发脚本 ……… 132

7.6.3　优化增强脚本 ……… 133
7.7　自动化测试实施 …………… 137
7.7.1　设计框架结构 ……… 138
7.7.2　设计数据文件 ……… 138
7.7.3　编写通用函数 ……… 139
7.7.4　编写测试脚本 ……… 140
7.7.5　组织测试过程 ……… 143
7.7.6　运行测试脚本 ……… 143
7.7.7　分析测试结果 ……… 143
实训课题 ……………………………… 144

第 8 章　性能测试实施 ……………… 145
8.1　性能测试需求分析 …………… 145
8.1.1　性能测试必要性评估 … 145
8.1.2　性能测试工具选型 …… 146
8.1.3　性能测试需求分析 …… 147
8.1.4　性能测试需求评审 …… 149
8.2　性能测试实施 ………………… 150
8.2.1　测试需求分析与定义 … 150
8.2.2　性能指标分析与定义 … 151
8.2.3　测试模型构建 ……… 154
8.2.4　场景用例设计 ……… 154
8.2.5　脚本用例设计与开发 … 156
8.2.6　脚本调试与优化 …… 162
8.2.7　场景设计与实现 …… 166
8.2.8　场景执行与结果收集 … 170
8.2.9　结果分析与报告输出 … 170
8.2.10　性能调优与回归测试 … 182
实训课题 ……………………………… 183

附录 1　OA 系统测试计划 ………… 184
附录 2　OA 系统测试方案 ………… 190
附录 3　OA 系统功能测试用例集 …… 194
附录 4　OA 系统功能测试报告 …… 199
附录 5　OA 系统考勤业务模块
　　　　性能测试方案 …………… 202
附录 6　OA 系统考勤业务模块
　　　　性能测试报告 …………… 205

第 **1** 章　软件测试与项目分析

本章重点

本章简单介绍软件测试的基本知识，包括测试定义、测试目的、缺陷定义及软件测试常见流程等。测试项目分析一节中，重点从 5 个方面细致讲解如何进行测试项目分析，获取与项目相关的任务对象。

学习目标

1. 复习软件测试定义。
2. 复习软件测试目的。
3. 复习软件缺陷定义。
4. 了解软件测试工作流程。
5. 熟悉测试项目分析的关注重点。

1.1　软件测试定义

测试，即检测、试验，利用一定的手段，检测被测对象特性表现是否与预期需求一致。对于软件而言，测试是通过人工或者自动的检测方式，检测被测对象是否满足用户要求或弄清楚预期结果与实际结果之间的差异，是为了发现错误而审查软件文档、检查软件数据和执行程序代码的过程。软件测试是质量检测过程，包含若干测试活动。

早些时候，很多人对软件测试的认识仅限于运行软件执行测试，但实际上，软件测试还包括静态测试和验证活动。软件包括实现用户需求的源代码、描述软件功能及性能表现的说明书、支撑软件运行的配置数据，软件测试同样包括了文档及配置数据的测试，而不仅仅是执行软件。

1.2　软件测试目的

实施软件测试的目的通常有以下几个方面。

（1）发现被测对象与用户需求之间的差异，即缺陷。

（2）通过测试活动发现并解决缺陷，增加人们对软件质量的信心。

（3）通过测试活动了解被测对象的质量状况，为决策提供数据依据。

（4）通过测试活动积累经验，预防缺陷出现，降低产品失败风险。

不同测试阶段的测试目的有所差别。

需求分析阶段，通过测试评审活动，检查需求文档是否与用户期望一致，主要是检查文档错误（表述错误、业务逻辑错误等），属于静态测试。

软件设计阶段，主要检查系统设计是否满足用户环境需求、软件组织是否合理有效等。

编码开发阶段，通过测试活动，发现软件系统的失效行为，从而修复更多的缺陷。

验收阶段，主要期望通过测试活动检验系统是否满足用户需求，达到可交付标准。

运营维护阶段，执行测试是为了验证软件变更、补丁修复是否成功及是否引入新的缺陷等。

无论是哪个阶段何种类型的测试，其目的都是通过测试活动，检验被测对象是否与预期一致。测试工程师希望通过测试活动，证明被测对象存在缺陷；开发工程师则希望通过测试证明被测对象无错误。

1.3　软件缺陷定义

在软件测试活动中，作为测试工程师，最重要的工作目标是发现被测对象中以任何形式存在的任何缺陷。那么到底什么是缺陷？为什么测试工程师要竭尽全力找到它们呢？

在软件测试活动发展的历史中，缺陷最初称为 Bug。Bug 的英文原意为臭虫。最初的计算机是由若干庞大复杂的真空管组成的，真空管在使用过程中产生了大量的光和热，结果吸引了一只小虫子钻进计算机的某一支真空管内，导致整个计算机无法正常工作。研究人员经过仔细检查，发现了这只捣蛋的小虫子，并将其从真空管中取出，计算机又恢复正常。为了纪念这一事件，以及方便地表示计算机软硬件系统中隐藏的错误、缺陷、漏洞等问题，Bug 被沿用下来，发现虫子（Bug）并进行修复的过程称为 DeBug（调试）。

在现代软件质量保证活动中，经常会接触这几个概念：错误、缺陷、Bug、失效等。

1. 错误

错误一般指文档中表述或编写过程中产生的错误现象，静态存在于文档中，一般不会被激发。

2. 缺陷

缺陷综合了错误、Bug 等相关术语的含义。一切与用户显性或隐性需求不相符的错误，统称为缺陷。错误实现、冗余实现、遗漏实现、不符合用户满意度都属于缺陷。

3. Bug

沿用历史含义，Bug 是指存在于程序代码或硬件系统中的错误，通常是由编码或生产活动引入的错误，其既可以静态形式存在，也可在特定诱因下动态存在。

4. 失效

失效是因缺陷引发的失效现象，动态存在于软硬件运行活动中。

现代软件测试活动中，更多的团队将 Bug 表述改为缺陷。

1.4　缺陷产生原因

软件缺陷产生的原因多种多样，一般可能有以下几种原因。

（1）需求表述、理解、编写引起的错误。

（2）系统设计架构引起的错误。

（3）开发过程缺乏有效的沟通及监督，甚至没有沟通或监督。

（4）程序员编程中产生的错误。

（5）软件开发工具本身隐藏的问题。

（6）软件复杂度越来越高。

（7）与用户需求不符——即使软件实现本身无缺陷。

（8）外界应用环境或电磁辐射导致的缺陷。

上述情况都可能产生缺陷，常见缺陷分为以下 4 种情况。

1. 遗漏

规定或预期的需求未体现在产品中，可能在需求调研或分析阶段未能将用户需求全部分析实现，也可能在后续产品实现阶段未能全面实现。通俗而言，一是根本没记录需求，需求本身就遗漏了客户的原始需求；二是需求是齐备完整的，但在设计开发阶段遗漏了某些需求。

以 OA 系统为例，用户提出要有实现发文回收功能，发出的通告信息可在对方未查收时撤销；需求开发工程师在需求调研阶段并未记录该需求，从而导致此需求遗漏。

另外一种情况是，需求开发工程师在需求规格说明书中已经详细阐明了需求，但研发人员在实现时遗漏了。

2. 错误

需求是正确的，但在实现阶段未将规格说明正确实现，可能在概要、详细设计时产生了错误，也可能是编码错误，即有此需求，但需求实现与用户期望不一致。例如排序功能，用户期望的是按价格升序排列，实现时却是降序排列。

以在 OA 系统中添加图书类别为例，在类别名称中输入 HTML 代码后，系统无法屏蔽，导致成功添加对应代码功能，如图 1-1 所示。

图 1-1　OA 系统缺陷示例

此处的缺陷是一个典型的功能错误，可定性为安全性缺陷，系统因注入的 HTML 代码而显示出删除操作功能代码。

3. 冗余

需求规格说明并未涉及的需求被实现，即用户未提及或不需要的需求在被测对象中得到了实现，如用户未提及查询结果分类显示，但在实际实现中，却以不同类别进行了显示。

一般而言，冗余功能从用户体验角度来看，如果不影响正常的功能使用，则可以保留，除非存在较大应用风险。

4. 不满意

除了上述遗漏、错误、冗余 3 种常见情况外，用户对实现不满意也可称为缺陷。例如，针对中老年人的系统在设计开发过程中，采用了时尚前卫的界面、细小隽秀的字体，导致终端用户不适应、看不清，这样即使所有需求都得到了正确的实现，但不符合用户使用习惯，也是一种缺陷。

在测试过程中，测试工程师需要时刻记住，功能再完美、界面再漂亮的系统，如果不是用户期望的，则该系统完全无效，所以测试过程中需处处以用户为基准，从需求角度出发。

图 1-2 所示是用户通过"我的办公桌"流程链接跳转后的显示界面，在图中可以看到，"请注意查看待办流程：请假申请：[2006-01-01 04:37:37]"显示时出现了不恰当的换行，04:37 被错误换行。此种类型的错误即可认为是用户体验方面的缺陷。

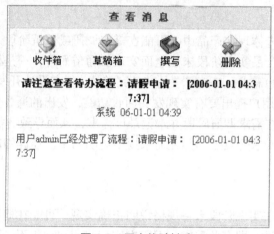

图 1-2　用户体验缺陷

1.5　软件测试分类

软件测试是个综合的概念，细究其内涵，不同的划分方法就有不同的分类。下面介绍一些常用软件测试分类概念。

1.5.1　按测试方法划分

与软件开发一样，软件测试同样可以采用多种方法，利用不同的方法可以得到不同的效果，并且最终保证被测对象符合预期的用户需求。按照测试方法分类主要有以下几种。

1. 黑盒测试

黑盒测试又叫功能测试、数据驱动测试或基于需求规格说明书的功能测试，通过测试活动来检查被测对象每个功能能否正常使用、是否满足用户的需求。

黑盒测试方法能更好、更真实地从用户角度来检查被测系统的界面、功能等方面需求的实现情况，但黑盒测试是基于用户需求进行的，无法了解软件设计层面的问题。

黑盒测试重点检查的是被测对象界面、功能、兼容性、易用性等方面的需求，主要的检查点包括以下几个方面。

（1）功能不正确或遗漏

假如有了明确的用户需求，检查此类的错误轻而易举，测试工程师在测试过程中仅需根据详细的用户需求规格说明书——检查，然而这仅是理想的情况。在现实的测试活动中，具有明确可靠的用户需求仅是一种奢望，这时又该如何进行检查呢？针对没有明确的用户需求的情况，可以从以下三方面进行测试。

① 由业务部门提供概要的需求文档；

② 由研发部门提供功能列表（Function List）；

③ 根据业务经验判断。

软件测试工程师与软件开发工程师的一个明显差异是软件测试工程师可能在一个月内接触几个甚至更多不同业务类型的软件项目，需要广泛的业务知识，而软件开发工程师可能在一年内仅参与一两种业务类型软件的开发工作。在没有明确的开发需求情况下，测试工程师丰富的业务知识就显得尤为重要了。而且在现实的软件开发中，期望软件生产流程很正规也是不现实的。

（2）界面错误

与功能检查一样，界面错误在有明确用户需求的时候容易发现，如果没有，同样可以采用上述三方面的检查点进行测试。当然，有个不能忽略的问题就是界面测试往往没有一个明确的标准，多数时候靠测试工程师自身的"审美"进行评价，这样难免有失偏颇。测试工程师在提交此类缺陷时需谨慎。界面错误一般集中在错别字、界面布局等方面，并且缺陷级别通常都定位较低。

（3）数据访问性错误

数据访问性错误通常发生在接口上。比如，A 系统需调用 B 系统的某些数据，并设定了定时定点自动调用数据的功能。在实际工作中，随着时间的推移，经常出现不能及时调用的错误，甚至不工作。此类错误非常严重，特别是对于那些异步处理的软件系统来讲，这些错误往往是致命的。测试工程师在做这些软件测试时需多考虑各种异常访问情况，以避免在实际使用过程中出现严重的错误。

（4）性能错误

被测对象的性能问题，往往需要进行专门的性能测试。黑盒测试阶段，可以从被测对象的业务响应速度、业务并发处理能力、业务成功率、系统资源耗用等方面去衡量，而不需要考虑程序内部代码的质量。比如，在做 B/S 结构软件测试的时候，打开被测页面时，测试工程师就可以明确感知页面的展示速度，这种感知就是对被测对象响应速度的判断。

（5）初始化和终止性错误等

玩过游戏的读者都知道，打开游戏的时候通常都有一段等待时间，游戏会加载一些运行时必须的配置信息，一旦这个过程出问题，即出现了初始化问题，可能导致程序闪退。所谓终止性错误，是指某个应用在出现错误后无法保留当前工作状态，执行其提示的操作后，导致程序崩溃，无法正常工作。

2．白盒测试

与黑盒测试相对的软件测试方法，称为白盒测试。白盒测试又称结构测试、逻辑驱动测试或基于程序代码内部构成的测试。此时，测试工程师将深入考察程序代码的内部结构、逻辑设计等。白盒测试需要测试工程师具备很深的软件开发功底，精通相应的开发语言。一般的软件测试工程师难以胜任该工作。

白盒测试方法主要包括代码检查法、静态结构分析法、静态质量度量法、逻辑覆盖法、基本路径测试法，其中最为常用的方法是代码检查法。

代码检查包括桌面检查、代码审查和走查等，主要检查代码和设计的一致性，代码对标准的遵循、可读性，代码逻辑表达的正确性，代码结构的合理性等方面；发现违背程序编写标准的问题，程序中不安全、不明确和模糊的部分，找出程序中不可移植部分、违背程序编程风格的问题，包括变量检查、命名和类型审查、程序逻辑审查、程序语法检查和程序结构检查等内容。一般公司都有比较成熟的编程规范，在代码检查的时候，可以根据编程规范进行检查。

3. 灰盒测试

与前面的黑盒测试、白盒测试相比，灰盒测试介于两者之间。黑盒测试仅关注程序代码的功能性表现，不关注内部的逻辑设计、构成情况；白盒测试则仅从程序代码的内部构成考虑，检查其内部代码设计结构、方法调用等；而灰盒测试结合这两种测试方法，一方面考虑程序代码的功能性表现，另一方面，又需要考虑程序代码的内部结构。

4. 静态测试

静态测试，顾名思义，就是静态的、不执行被测对象程序代码而寻找缺陷的过程。通俗地讲，静态测试就是用眼睛看，阅读程序代码、文档资料等，与需求规格说明书中的客户需求进行比较，找出程序代码中设计不合理以及文档资料有错误的地方。

一般在企业、公司里会召开正规的评审会，通过评审的方式，找出文档资料、程序代码中存在缺陷的地方，并加以修改。

5. 动态测试

动态测试即为实际的执行被测对象的程序代码，执行事先设计好的测试用例，检查程序代码运行得到的结果与测试用例中设计的预期结果之间是否有差异，判定实际结果与预期结果是否一致，从而检验程序的正确性、可靠性和有效性，并分析系统运行效率和健壮性等性能状况。

动态测试由四部分组成：设计测试用例、执行测试用例、分析比较输出结果、输出测试报告。

动态测试有三种主要的方法：黑盒测试、白盒测试以及灰盒测试。

6. 手工测试

在未真正接触软件测试之前，很多人都认为，软件测试工作就是执行一些鼠标点击的动作来查找缺陷。的确，在手动测试阶段，大部分的测试工作就是模拟用户的业务流程来使用软件产品，与用户需求规格说明书中的需求定义进行比较，从而发现软件产品中的缺陷。手动测试是最传统的测试方法，也是现在大多数公司都使用的测试形式。它是测试工程师设计测试用例并执行测试用例，然后将实际的结果和预期的结果相比较并记录测试结果，最终输出测试报告的测试活动。这样的测试方法，可以充分发挥测试工程师的主观能动性，将其智力活动体现于测试工作中，能发现很多的缺陷，但同时这样的测试方法又有一定的局限性与单调枯燥性。

7. 自动化测试

随着软件行业的不断发展，软件测试技术也在不断地更新，出现了众多的自动化测试工具，如 HP 的商用的 Unified Function Testing、LoadRunner，开源的 Selenium、Appium 等。所谓自动化测试，就是利用一些测试工具，模拟用户的业务使用流程，自动运行来查找缺陷。也可以编写一些代码，设定特定的测试场景，来自动寻找缺陷。自动化测试的引入，大大提高了测试的效率和测试的准确性，而且写出的测试脚本比较好，还可以在软件生命周期的各个阶段重复使用。

1.5.2　按测试阶段划分

前面概要地讲述了按测试方法划分软件测试，下面按测试阶段进行划分，主要有需求测试、单元测试、集成测试、系统测试、用户测试、回归测试等。

1．需求测试

需求调研完成后，由测试部门或者需求小组进行需求的测试，从需求文档的规范性、正确性等方面检查需求调研阶段生成的文档。测试工程师最好是有经验的需求分析人员，并且得到了需求调研期间形成的 DEMO。在许多失败的项目中，70%～85%的返工是由需求方面的错误所导致的，并且因为需求的缘故而导致大量的返工，造成进度延迟、缺陷的发散，甚至项目的失败。这是一件极其痛苦的事情，所以，在有条件开展需求测试的时候，一定要实施需求测试。

2．单元测试

单元测试又称为模块测试，顾名思义，就是对程序代码中最小的设计模块单元进行测试。单元测试是在软件开发过程中进行的最低级别的测试活动。单元测试主要采用静态测试与动态测试相结合的办法。首先采用静态的代码走查，检查程序代码中不符合编程规范、存在错误或者遗漏的地方；同时使用代码审查的方法，项目小组检查项目代码，以期发现更多的问题；然后再使用单元测试工具，比如 JUnit、TestNG 等工具，进行程序代码内逻辑结构、函数调用等方面的测试。根据行业经验，单元测试一般可以发现大约80%的软件缺陷。

3．集成测试

集成测试，又称为组装测试，就是将软件产品中各个模块集成组装起来，检查其接口是否存在问题，以及组装后的整体功能、性能表现。在开展集成测试之前，需进行深入的单元测试（当然，实际工作中大多数公司不会做单元测试，仅程序员检查自己的代码）。从个体来讲，可能解决了很多的缺陷，但所有的个体组合起来，就可能出现各种各样的问题。"1+1≠2"的问题，此刻尤为突出。

集成测试一般可采用非增式集成方法、增式集成方法（自底向上集成、自顶向下集成、组合方式集成）等策略进行测试，利用以黑盒测试为主、白盒测试为辅的测试方法进行测试。集成测试工程师一般由测试工程师担当，开发工程师将经过单元测试的代码集成后合成一个新的软件测试版本，交由配置管理员，然后测试组长从配置管理员处提取集成好的测试版本进行测试。

集成测试阶段主要解决的是各个软件组成单元代码是否符合开发规范、接口是否存在问题、整体功能有无错误、界面是否符合设计规范、性能是否满足用户需求等问题。

4．系统测试

系统测试是将通过集成测试的软件，部署到某种较为复杂的计算机用户环境进行测试。这里所说的复杂的计算机用户环境，其实就是一般用户的计算机环境。

系统测试的目的在于通过与系统的需求定义作比较，发现软件与系统的定义不符合或与之矛盾的地方。这个阶段主要进行安装与卸载测试、兼容性测试、功能确认测试、安全性测试等。系统测试阶段采用黑盒测试方法，主要考察被测软件的功能与性能表现。如果软件可以按照用户合理的期望的方式来工作，即可认为通过系统测试。

系统测试过程其实也是一种配置检查过程，检查在软件生产过程中是否有遗漏的地方。在系统测试过程中，做到查漏补缺，以确保交付的产品符合用户质量要求。

5. 用户测试

在系统测试完成后，将会进行用户测试。这里的用户测试，其实可以称为用户确认测试。在正式验收前，需要用户对本系统做出一个评价，用户可对交付的系统做测试，并将测试结果反馈回来，进行修改、分析。面向应用的项目，在交付用户正式使用之前要经过一定时间的用户测试。

6. 回归测试

缺陷修复完成后，测试工程师需重新执行测试用例，以验证缺陷是否成功修复，并且没有引发新的缺陷。

有些公司会采用自动化测试工具，比如 UFT、Selenium 等工具进行回归测试。对于产品级、变动量小的软件而言，可以利用这样的工具去执行测试。但一般情况下，回归测试时都由测试工程师手动执行以前的测试用例，来检查用例通过情况。

1.6 软件测试流程

大部分软件公司的软件测试流程如图 1-3 所示。

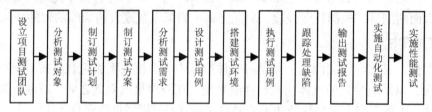

图 1-3　软件测试工作流程图

1. 设立项目测试团队

项目经理或研发经理发邮件向测试部门提出项目测试申请，测试经理审批通过后指派测试组长与测试工程师，成立项目测试组，负责该项目的测试工作。

2. 分析测试对象

测试经理任命测试组长，测试组长需提前熟悉被测对象的需求，从总体上掌握项目的进展情况。仔细阅读项目相关文档（如项目的进度计划、测试要求等）后，测试组长需安排下一步工作。

3. 制订测试计划

测试组长在详细了解项目信息后，根据项目需求、项目进度计划表制订当前项目的测试计划，并以此指导测试组开展对应的测试工作。测试计划中需说明每个测试工件输出的时间点、测试资源、测试方法、通过/失败标准、挂起/恢复标准等。

4. 制订测试方案

测试计划阐述了项目如何实施测试活动，但未说明具体实施策略。测试方案则说明了在测试计划所定义的测试范围内如何实施测试活动，因此在测试计划制订后，项目测试团队需制定测试方案，以明确具体测试的方法。

5．分析测试需求

测试组长制订测试计划、测试方案后，项目组进行评审。评审通过后，项目测试组即可按照此测试计划及方案开展工作。测试组员根据测试组长的任务分配，阅读用户需求规格说明书，熟悉被测对象。需求阅读理解完成后，进行测试需求的提取，列出被测对象需测试的业务流程，提取出的测试需求可利用应用程序生命周期管理软件（Application Lifecycle Management，ALM）、禅道等具有测试管理功能的工具平台进行管理。

6．设计测试用例

测试需求提取完毕，经过测试组评审通过后，测试组员开展测试用例设计活动，这些工作都需在测试计划中规定的时间内完成。如测试计划中规定"2017-12-20 至 2017-12-30 完成系统测试用例设计及评审"，则测试团队必须在这个时间段内完成被测对象的测试用例设计。测试用例文档可使用 Word、Excel 等形式管理，也可使用 ALM、禅道等工具进行管理。

7．搭建测试环境

测试用例设计完成评审通过后，如果项目开发组告知测试组长可以开展测试，则测试组长可从配置管理员/开发组长处提取测试版本，根据开发组提供的测试环境搭建单进行测试环境搭建。测试环境搭建需要测试工程师掌握与被测对象相关的硬件、软件知识。

8．执行测试用例

测试环境搭建完成后，测试组员进行测试用例的执行。根据前期设计并评审通过的测试用例，测试组员先进行各个功能模块的冒烟测试。冒烟测试通过后，开展正式的系统测试。执行测试用例过程中，如果发现有遗漏或者不完善的测试用例，需及时更新，并用文档记录变更历史。用例执行过程中如果发现了缺陷，则需按照部门或者项目组的缺陷管理规范提交缺陷。系统测试用例执行阶段，主要使用黑盒测试方法开展工作，以被测对象的需求规格说明为依据，重点关注被测对象的界面与功能表现。

9．跟踪处理缺陷

常用缺陷管理工具有 Bugzilla、ALM、禅道等。大多数公司都有自己的缺陷管理流程规范，项目组成员需根据缺陷管理流程开展缺陷跟踪处理工作。缺陷处理阶段，大多数情况下需进行 4 次甚至更多的迭代过程，多次进行回归测试，直到在规定的时间内达到测试计划中所定义的通过/失败测试标准为止。

10．输出测试报告

功能测试完成后，测试组长需要对被测对象做一个全面的总结，以数据为依据，衡量被测对象的质量状况，并提交测试结果报告给项目组，从而帮助项目经理、开发组及其他利益相关方了解被测对象的质量情况，以决定下一步的工作计划。

功能测试报告主要包含被测对象的缺陷修复率、缺陷状态统计、缺陷分布等。

自动化测试、性能测试活动很多时候属于单独的测试环节，很多团队将手工功能测试、自动化及性能测试报告分开总结。

11. 实施自动化测试

如有必要，项目团队可能需开展自动化测试，尤其是需求稳定、测试周期长、存在大量重复操作的业务。

自动化测试一般分为基于 UI 与接口两种类型。基于 UI 层面的自动化测试代表工具有 Unified Functional Testing（UFT）、Selenium、Appium 等。接口方面则有 Jmeter、Postman、SoapUI 等。

自动化测试对测试人员技能的要求较高，需掌握 Java、JavaScript、Python 等编程语言。

12. 实施性能测试

一般功能测试完成后，根据用户需求可能需开展性能测试工作。与功能测试一样，性能测试实施之前，需要进行性能测试需求分析、指标提取、用例设计、脚本录制和优化、场景执行、结果分析等一系列过程。通过使用一些自动化工具进行性能测试是目前实施性能测试的主要手段，常用的性能测试工具有 LoadRunner、Jmeter 等。

1.7　测试项目分析

测试活动实施初期，测试团队需从目标定义、项目背景、测试任务、测试资源、测试风险等维度对测试项目进行分析，以便更有效地制订测试计划、测试方案，指导后续测试活动。

1.7.1　测试目标定义

测试目标定义，是指确定本次或本轮测试活动期望达成的目标。与测试任务是具体的事务不同，测试目标是结果，测试任务识别是测试目标定义的实施过程。以 OA 项目为例，测试目标是通过实施功能、性能测试，验证系统是否已实现需求规格说明书中定义的功能、性能、UI 等需求，并保证在常用的 5 种浏览器（IE、FireFox、360 浏览器、Chrome、 Safari 等）上正常使用。

测试目标定义需结合用户的显性及隐性需求。显性需求通常在需求规格说明书中已明确定义，隐性需求则由测试团队结合软件背景、用户背景、运营背景等因素综合考虑分析提取。

测试目标定义后，即可根据测试目标识别测试任务，确定测试范围后，测试目标应尽可能定量或定性评价，如功能实现覆盖率、性能指标、缺陷修复率、兼容性覆盖率等。

1.7.2　项目背景分析

所有项目或产品研发都有初期设计背景，通过对项目背景进行分析，测试团队可了解该测试对象属于什么行业、有无相关系统或平台、是否有特殊的业务要求等。例如，设计给老人使用的手机，应尽可能将字体放大、声音放大、增大电池容量。

不同行业有自身的一些特殊需求，如金融行业，除了功能之外更关注数据的安全性及性能，政府企业对外业务系统，与功能相比更为关注安全性，而一些 App 则侧重于用户交互。了解项目或产品所属行业，有利于测试团队采用针对特定行业的测试方法或经验，从而提高测试效率及质量。

针对一个全新的项目或产品，可能没有与之耦合的系统或平台，但如果是升级软件或衍生系统，则需分析与之耦合的业务系统是否存在交互接口，如果存在，则在制定测试方案时需设计接口测试方法。

测试团队实施测试对象项目背景分析时，通常从用户需求规格说明书、项目计划书或其他相关资料获取。

> **注意**：项目或产品无本质区别，都为软件系统。项目通常为软件企业内部说法，便于区分主动、被动需求的软件。本书后续统一称为项目。

1.7.3　测试任务识别

测试目标定义后，要达到预期目标，需将目标分解，识别具体测试任务。软件测试双 V 模型表明，用户需求规格说明书评审通过后，测试团队即可开展测试设计活动，测试设计内容主要包括测试计划、测试策略、测试流程等。通常而言，需根据客户需求或软件需求设定本软件的测试任务，此处任务一般解释为软件质量保证活动过程中所需完成的测试工作事项。

测试负责人制订测试计划时，需限定测试范围、工作量等。从软件质量特性角度来说，测试负责人需在用户需求规格说明书基础上，关注测试对象的质量特性，如被测对象的功能性、易用性、移植性、稳定性、性能等特性；从软件质量保证手段来说，需说明本次测试活动所需的技术技能，如黑盒测试、白盒测试、自动化测试等。

大多数软件测试团队测试任务的设定，都关注在有限的测试资源下覆盖尽可能广的测试范围，因此需在初期根据测试对象测试要求，设定任务。

以 OA 项目为例，测试任务定义为测试团队需完成的测试范围，如 4 名测试工程师在 15 个工作日完成 OA 系统功能、易用性、兼容性、性能等测试活动，输出质量评估报告。具体任务分配可包含在测试计划中，亦可单独设计成测试任务计划表。

1.7.4　测试资源分析

软件测试活动实施过程中，需结合较多的资源文件，如需求规格说明书、项目进度计划表、项目研发计划、项目概要设计文档、数据库字典、项目详细设计文档、软硬件测试环境、测试辅料，甚至包括可能涉及的人员培训、招聘计划等。

测试团队开展测试活动前，需收集与本次测试活动相关的资源文件，体现在测试计划中，并保证测试资源能够在规定的时间内组织到位，否则可能无法如期开展测试活动。

1.7.5　测试风险分析

软件在设计研发过程中几乎都存在风险。风险可理解为某些不良事件、危险或可能危害相关事务的活动等发生的可能性及其可能带来的不良后果。风险可能发生，也可能不发生，是一个潜在的问题。

所有的软件研发活动，都存在不同级别的风险。风险级别取决于发生不确定事件、危险的可能性及产生影响的严重程度。

测试过程中可能存在的风险通常来源于 3 种类型：项目风险、产品风险、外因风险。

1. 项目风险

项目通常有明确的需求主体，由客户提供具体需求，软件公司承接研发任务，因此，需求风险较少，其具体风险来源于以下几个方面。

（1）团队组织因素

项目团队成员个人素质因素非常重要，不合适的人即使在高效的流程及优秀团队下，也不可能开展高质量的软件质量保证活动，因此需首要关注人的风险。人员不足、技能不足、培训不足都是潜在的风险。

除了团队成员个人素质风险外，团队沟通、规程也是潜在风险。测试人员与需求开发、程序开发、工程运维间的沟通不畅，评审流程存在瑕疵，对测试活动价值认识不足，缺陷后续跟踪不力，同样是潜在的风险。

（2）技术因素

从软件研发技术角度考虑，常见的首要问题便是需求调研开发问题，无法正确定义的需求是绝大多数软件研发失败的重要因素。其次是开发技能掌握程度，是否有技术沉淀，是否有规范的设计评审流程。

从软件测试角度考虑，测试环境无法真实模拟实际生成环境或测试活动实施时没有及时准备好，都是潜在风险。

低质量的软件需求开发、架构设计、编码及测试设计、测试执行，未完成的数据准备、环境保障等，同样是潜在风险。

（3）供应商

现在很多项目是多公司、多团队合作完成的。以四川烟草中心项目为例，由 4~5 家供应商共同完成该中心的信息化平台项目，因此，除了团队组织、技术因素外，供应商与供应商间的合作也可能是项目风险。

2. 产品风险

除了项目风险外，测试团队实施测试活动时，需根据测试对象特性，考虑产品风险。产品与项目的区别在于，产品需求往往来源于不特定的用户，无明确需求主体，通常由市场调研人员根据潜在需求客户提取的需求。

产品风险最常见的一个因素是需求问题。市场需求定位不准，用户需求调研不充分，常常导致产品的最终失败。除了需求外，软件产品符合法律法规、潜在用户使用习惯也是重要的风险产生点。

测试活动开展初期需进行测试风险分析，综合团队成员的智慧，识别风险，制订风险的预防及应对措施，从而提高测试活动的质量。

3. 外因风险

除了客户或供应商本身的风险外，外因风险也不容易忽视，如政府监管、自然灾害等。

识别对应的风险后，测试负责人需提前预判，基于风险给出可靠的解决措施，并在测试计划中体现。

实训课题

1. 简述软件测试目的。
2. 简述软件缺陷产生的原因。

第 2 章　团队组织及任务分配

本章重点

从软件的生产流程中得知，项目立项后项目经理即可根据实际的需要，向公司申请相应的项目资源，比如项目组的开发工程师、测试工程师等。那么在实际软件测试工作中，这个过程是怎样开展的，测试部门是如何配合的呢？本章重点讲解软件测试部门在项目实施过程中的测试小组构建过程、任务分配及测试管理平台搭建。

学习目标

1. 了解测试团队人员构成。
2. 了解测试团队建立过程。
3. 了解如何选择合适的团队成员。
4. 掌握测试小组成员日常工作内容。
5. 掌握测试管理工具 ALM 项目配置方法。

2.1　团队人员构成

从不同的管理角度出发，测试部门人员构成可从角色构成、技术构成两个方面考虑。

1. 角色构成

从角色构成角度考虑，测试部门一般包括测试经理、测试组长、环境保障人员、配置管理员、测试设计人员、测试工程师等职位。

（1）测试经理

测试经理负责测试部门的日常管理工作，负责部门技术发展、工作规划等；同时也是测试部门与其他部门的接口人。其他兄弟部门需要测试部门协助或安排测试工作时，需先与测试经理沟通，提出项目申请。

（2）测试组长

测试组长隶属于测试部门，由测试经理指派。接收到一个项目测试需求后，测试经理会根据项目实际情况，如项目技术要求、业务要求，指派合适的测试工程师担当测试组长角色，由其负责该项目的所有测试工作。有些公司称测试组长为项目测试经理。

（3）环境保障人员

环境保障人员的作用是维护整个项目系统环境，如硬件配置及软件配置。一般公司不会配备环境保障人员，大多数由测试工程师兼做，也可能有专职的保障人员，但不隶属于测试部门。该角色一般是重叠的。

（4）配置管理员

配置管理（Software Configuration Management，SCM）是软件开发过程中一个极其重要的质量管理环节，可以对需求变更、版本迭代、文档审核起到相当大的作用，因此，稍微正规一些的公司都会配备配置管理员（Configuration Management Officer，CMO）。

（5）测试设计人员

测试设计人员一般由高级测试工程师担当，负责项目测试方法设计、测试用例设计、功能测试，以及性能测试步骤、流程、脚本、场景设计等。很多公司将该角色与测试工程师重叠，不严格区分测试设计人员与测试工程师角色。

（6）测试工程师

测试工程师的实际工作内容大多数是执行测试用例，进行系统功能测试，经过多次版本迭代，完成系统测试，一般由初级测试工程师、中级测试工程师担当。

2．技术构成

如果从测试人员具备的技术角度来考虑，测试部门人员主要包括白盒测试技术人员、黑盒测试技术人员、自动化测试技术人员、项目管理技术人员等。

（1）白盒测试技术人员

该职位需精通软件开发语言，一般需要有几年开发经验，能够进行底层代码评审、测试桩/驱动设计等，能够使用白盒测试工具对系统最小功能单元进行测试，找出代码、系统架构方面的缺陷。

（2）黑盒测试技术人员

黑盒测试技术人员一般要求具有一定的软件工程理论和软件质量保证知识，需要从系统功能实现、需求满足情况监察系统质量，需要掌握基本的软件开发语言、数据库基本知识、操作系统基本知识、测试流程以及相应的工作经验。

（3）自动化测试技术人员

自动化测试技术人员技能要求较高，需掌握软件开发知识、系统调优技能、接口测试工具（如 JMeter、Postman）、自动化测试工具（如 Selenium、Appium）、性能测试工具（如 LoadRunner、JMeter），同时需要具备相当丰富的工作经验。目前国内这方面的人才比较缺，尤其是移动应用测试人才。

（4）项目管理技术人员

该角色要求掌握一般常用的项目管理知识，如配置管理、版本控制、评审管理、项目实施与进度控制等，不一定具备很强的测试技术，但需要有丰富的项目管理经验以及沟通协调能力，能够保证项目在一个可控的环境下稳定运作。

2.2 测试组织结构

测试团队一般采用图 2-1 所示的组织结构，往往一个测试组长或项目测试经理带领几个测试工程师，测试组长或项目测试经理有时还兼任软件质量保证（Software Quality Assurance，SQA）工作。

一个小型的软件测试团队在 5 人左右，可根据工作内容及团队技术规划配备不同技术方向的测试工程师。

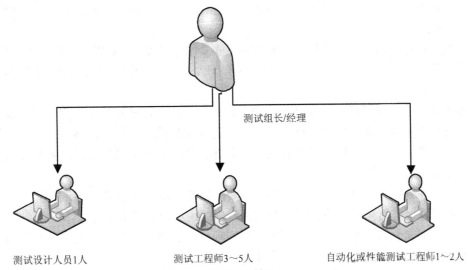

测试组长/经理

测试设计人员1人　　　测试工程师3～5人　　　自动化或性能测试工程师1～2人

图 2-1　测试组织结构示意图

2.3　测试团队建立

软件测试活动中，测试团队建立过程分为两步：测试组长任命与测试小组建立。测试组长由测试经理任命。测试小组建立时，测试组员一般由测试组长挑选，当然也可以由测试经理指派，前提是不能影响其他正在开展的项目。

2.3.1　测试组长任命

项目立项初期，项目经理向公司申请相应人员参与进入项目。此时，测试部门的测试经理会根据项目的实际业务开展情况，考虑部门中谁适合负责该项目。一般可从测试工程师的技术能力、业务经验、管理能力与项目实际情况衡量，决定由谁担当该项目测试组的负责人。以 OA 系统项目为例，测试经理会指派一个有 OA 系统测试经验或者工作流测试经验的测试工程师担当测试组长，负责该项目测试组的日常工作，当然，也不是一定要有强相关的工作经验，只要有能力负责该项目即可。被任命的测试组长需向项目经理汇报工作，并积极配合项目组的日常工作。这个阶段的流程可用图 2-2 表示。

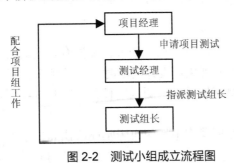

图 2-2　测试小组成立流程图

假如刘某是测试经理，刘某会根据项目经理布置的测试任务进行权衡，考虑部门中谁能够担当这个组长。据刘某了解，部门中的张三以前做过 OA 系统办公自动化方面的测试工作，也做过其他项目的测试组长，具备较好的技术与管理执行能力。所以，刘某考虑任命张三为 OA 系统项目测试组的组长，由张三负责该项目的测试管理工作。

项目测试组长确定后，组长就需要开展项目组的工作了。那么测试组长在这个时候需要做哪些事情呢？

测试组长在接手项目时，需要知道项目的总体工作计划表，比如需求调研什么时候完成、正式的需求规格说明书什么时候能够给出、编码什么时候能够完成、第一个测试版本什么时候提交。

大多数情况下，项目经理在制订总体的工作计划后，会要求开发组、测试组分别提交相应的开发计划与测试计划。也有这样一种情况，直到项目编码完成后，项目经理才通知测试经理需要测试部门介入，此时测试组长同样需要业务部门、开发部门提供相关的文档及总体的工作进度计划表。

不管是哪种方式，测试组长一旦被指定，其所做的工作一般包括以下几方面。

（1）如果需要进行需求调研，则按照项目经理的统一部署完成工作；

（2）如果不参加需求调研，测试组长需掌握项目的总体进度计划、开发进度计划，了解需求的大体状况，从而给出测试组的工作计划；

（3）明确需求后，测试组长需制订测试组的测试计划，说明什么时间点完成什么工作、交付什么文档；

（4）制订计划后，监督测试小组严格按照测试计划开展工作，比如开展需求测试、集成测试、系统测试等；

（5）负责测试组员每天工作内容的总结，并及时向测试经理汇报；

（6）及时向项目经理报告测试工作开展中碰到的问题。很多时候测试组员加入某个项目，从某个角度来讲，测试工作的直接汇报对象是项目经理，而不是测试经理了，测试经理仅仅负责该测试组长的绩效考核。

项目经理提供的项目总体进度计划表中，会详细列出需求调研完成时间，测试组长即需留意这个时间点，一旦能够获取需求，哪怕是初稿，也要求知情。测试工程师最好掌握第一手需求。掌握需求后，测试组长应当熟读这些需求。在后期的测试工作开展中，测试组长应该是最熟悉用户需求的人；同时，分配测试任务时，也需要对用户需求有总体的把控，便于做出合理的任务安排。

以 OA 系统为例，测试组长张三从配置管理员或者项目经理甚至是开发组长处获取了 OA 系统需求规格说明书后，即开始详细阅读与分析，做好做足测试工作的前期准备。

2.3.2　测试小组建立

项目开始，测试小组通常只有测试组长一个人，并没有真正的组员进驻项目组，只有当需求规格说明书评审通过，可以开展用例设计活动时，才可能成立完整的测试小组。

建立测试小组，需要申请测试组员时，测试组长张三向测试经理刘某发邮件申请。测试小组组建流程如图 2-3 所示。

这个时候，测试组长张三需要考虑项目的实际状况，比如这个项目的持续周期、难易程度、是否需要性能测试等方面的问题。规划好测试小组成员构成时，测试组长需提交测试组员申请书，列出需要的测试人员人数、技术构成等要求。

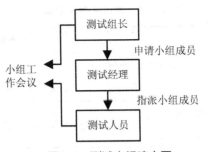

微课 2.3　测试团队建立

图 2-3　测试小组建立图

测试经理刘某根据测试部的工作现状，结合测试组长张三的申请，给出合理的人力资源配置方案。假设为 OA 系统项目调配了 3 名测试工程师，具体职责如表 2-1 所示。

表 2-1　系统测试组成员结构表

名称	职责范围
王某	测试工程师，负责测试用例设计、测试用例执行及缺陷的跟踪处理等
陈某	测试工程师，负责测试用例设计、测试用例执行、缺陷跟踪处理及测试环境配置等
李四	测试工程师，负责性能用例设计、性能测试执行等

测试小组成立后，测试组长张三将召开测试项目的沟通会，告知组员项目情况，如当前项目进展、测试团队可能在什么时候介入测试、什么时候会提供测试版本等。组员通过组长的介绍，初步了解项目进展及当前状况。

2.4　测试工作任务

测试任务分配阶段，除了组长布置的测试任务之外，测试组员还应根据部门的工作要求，完成每天必要的工作事务，即测试事务与管理事务。

2.4.1　测试任务分配

测试组长张三充分了解项目需求，知道 OA 系统的功能结构并清楚每个功能模块的复杂度与工作量后，根据自己对组员能力的了解进行测试任务分配。根据张三对 OA 系统需求说明书的熟读，分析出了该系统的功能结构，如图 2-4 所示。

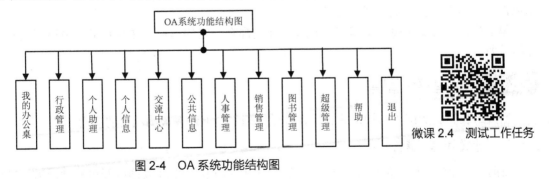

微课 2.4　测试工作任务

图 2-4　OA 系统功能结构图

根据 OA 系统的功能结构图，经过权衡，测试组长张三给出了功能测试任务分配表，如表 2-2 所示。具体任务可在测试计划中分配。

表 2-2　测试任务分配表

测试工程师	负责模块	职责描述
张三	制订测试计划、测试方案、工作流	负责测试计划、测试方案制订 负责相应模块的功能测试用例设计与执行并跟踪处理其缺陷
李四	我的办公桌、图书管理、超级管理、个人助理	负责相应模块的功能测试用例设计与执行并跟踪处理其缺陷
王某	行政管理、个人信箱、交流中心	负责相应模块的功能测试用例设计与执行并跟踪处理其缺陷
陈某	人事管理、销售管理、帮助、退出	负责相应模块的功能测试用例设计与执行并跟踪处理其缺陷

测试任务分配后，测试组长需将该任务分配情况告知测试经理及项目经理，以便他们掌握测试工程师的工作内容。

2.4.2　组员日常工作事务

测试组长分配任务后，测试组员根据测试任务分配开展工作。通常情况下，测试工程师的日常工作主要为测试文档阅读、分析测试需求、测试用例设计、测试用例执行、缺陷跟踪处理、日报填写等，具体的事务需根据实际的工作确定。

测试组员根据测试组长分配的工作内容，进行相关需求文档阅读。熟悉被测对象需求后，测试组员可利用工具（比如 ALM、禅道）进行测试需求提取，然后进行测试用例设计、执行，乃至最终的缺陷跟踪处理。所有的工作必须依据测试计划及测试任务分配开展。

熟悉需求规格说明书时，测试工程师不应仅关注自己的测试模块，应尽可能熟悉全部需求。实际测试工作中，为了解决思维定式问题，测试团队可能实施交换测试。软件测试工作本身是一个重复性比较高的工作，在多次迭代的过程中，往往会造成测试人员思维定式，无法再找出系统中存在的缺陷。此时测试组长可安排组员交换测试任务，因为每个人思考模式不同，可以充分发挥人的主观能动性，找出别人发现不了的缺陷。通过交换测试，能够起到能力互补的作用，找到更多的缺陷，从而提高测试工作质量。所以，测试工程师熟悉需求时，除了熟悉自己的待测业务外，还应对其他的业务模块加深理解。

熟悉需求后，测试组员即可进行测试需求提取、用例设计方面的工作。测试需求提取、用例设计时间点都在测试计划中定义。

很多公司需要员工每天都写工作日报，并且都有一定的模板，在实际工作中根据实际情况填写即可。

2.5　管理平台配置

测试组长完成测试小组构建后，需在测试管理平台上配置被测项目的应用环境。

2.5.1　测试管理工具选择

目前，行业应用较多的测试管理平台主要是 HP 公司的 ALM 及国内开源软件禅道，二者都提供了非常丰富的测试管理功能，如需求管理、用例管理、缺陷管理等。本教程以 HP 公司的 ALM 为项目管理平台，介绍项目测试过程。

2.5.2 ALM 工具介绍

应用程序生命周期管理软件（Application Lifecycle Management， ALM），顾名思义，该产品用于软件研发活动的整个生命周期管理，由 HP 公司生产，其早期版本分别是 Test Direct 及 Quality Center。

ALM 主要包括后台管理、项目自定义及项目应用三大部分。

1．ALM 后台管理

ALM 后台主要包括站点项目、站点用户、站点连接、许可证、服务器、数据库服务器、站点配置、站点分析及项目计划跟踪 9 个功能模块，如图 2-5 所示。

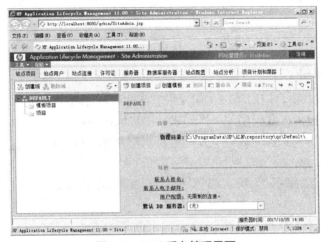

图 2-5 ALM 后台管理界面

用户可以通过后台进行 ALM 服务器配置，包括许可证、ALM 服务器及数据库服务器配置。如果需对邮件服务器、需求、缺陷模板调整，可在"站点配置"中设置。

站点项目、站点用户及站点连接主要处理项目类的应用，通常先创建用户，然后创建项目。项目管理过程中，若需群发消息、用户异常退出或结束某个用户的会话，则可在"站点连接"中处理。

站点分析及项目计划和跟踪这两个功能使用较少。

2．项目自定义

站点管理员在后台设置好项目并创建项目管理员后，项目管理员即可对项目进行具体的项目配置，如设置项目组成员、调整成员权限、自定义项目字段、定制缺陷管理流程等，如图 2-6 所示。

利用 ALM 进行项目管理时，项目管理员通知项目组成员使用 ALM 前，都需要对项目进行自定义配置。如 ALM 默认项目组权限中，"Project Manage"用户组具有删除缺陷的权限，而实际项目管理过程中，任何人都不应具有删除缺陷的权限，因此需要进行权限调整。除权限外，项目字段、缺陷显示界面等都需要调整。

根据团队每个成员的职责，ALM 可以定制每个组成员工作界面，项目管理员可在"工作流程"模块中具体设置。

每个项目团队的工作流程可能不一样，项目管理员根据具体项目调整后，项目组成员即可利用账号登录后开展具体工作。

图 2-6　ALM 项目自定义界面

3. ALM 项目应用

项目管理员配置好项目应用属性（如权限、流程、显示界面等）后，项目组成员就可以使用账号登录 ALM 前台，开展相关工作。成员用户应用界面如图 2-7 所示。

图 2-7　项目应用界面

（1）需求

测试工程师根据需求规格说明书提取相关测试需求后，保存在"需求"模块中。测试需求在 ALM 中的组织形式通常以软件质量特性划分，以树形目录结构显示。

所有测试需求提取后，可根据需要转换为测试点，便于测试用例设计。

（2）测试

"测试"模块包含测试用例及测试集。测试人员提取测试需求后，利用测试用例设计方法进行用例编写。以往的测试用例多用 Excel 管理，现在很多测试团队利用 ALM 进行管理，可更加方便地设计测试集及执行测试。

测试用例设计完成评审通过，测试版本发布后，测试人员根据测试任务分配，创建测试集实施测试执行活动。

（3）缺陷

测试集执行过程中发现的缺陷，可在"缺陷"模块提交，整个缺陷管理流程均在"缺陷"模块中完成。

除了缺陷管理功能外，ALM 在"缺陷"模块中提供了多种形式的报告输出功能，便于测试人员输出有效的测试报告。

ALM 具有非常丰富的功能，但其价格相对昂贵，跨国、有实力的公司可能会采购，但很多创业型或小公司，则会采用开源的项目管理软件，如禅道、MyPM 等。不过日前国内很多公司从早期的 Test Direct 或 Quality Center 升级为 ALM，所以，建议软件测试初学者仍要学习该工具的使用。

2.5.3 ALM 后台管理

测试组长接到测试任务后，发邮件给 ALM 站点管理员，申请在 ALM 中创建相应的项目，如此处的 OA 系统项目。ALM 站点管理员审批通过后，便由站点管理员进行 OA 系统项目的创建。站点管理员是整个 ALM 后台管理员。与项目管理员不同，项目管理员仅仅是某个应用项目的管理员，其无法操作 ALM 后台所有功能。

（1）打开 ALM 后台登录界面，如图 2-8 所示。

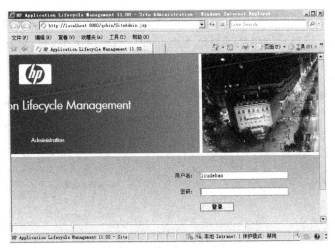

图 2-8 ALM 后台登录界面

（2）输入站点管理员账号及密码，单击【登录】按钮，登录后台，如图 2-9 所示。

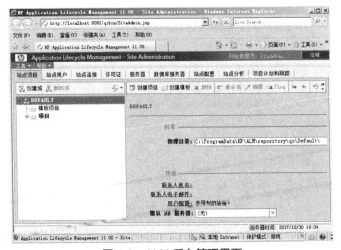

图 2-9 ALM 后台管理界面

（3）如果 ALM 中没有 OA 项目的项目管理员信息，则站点管理员需在"站点用户"中创建该用户，如此处的测试组长"张三"。单击"站点用户"选项卡，进入图 2-10 所示的界面。

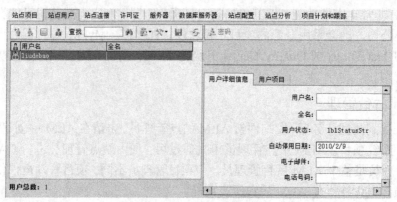

图 2-10　站点用户设置界面

（4）创建项目测试组长账号 zhangsan，如图 2-11 所示，密码默认不做设置。OA 项目中的其他用户则由 OA 项目管理员在项目配置时添加。一般情况下，站点管理员仅处理项目添加及项目管理员设定，不处理组员信息。

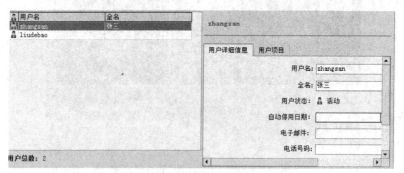

图 2-11　创建测试组长账号

（5）站点管理员单击"站点项目"选项卡，单击"创建项目"按钮，打开图 2-12 所示的界面。

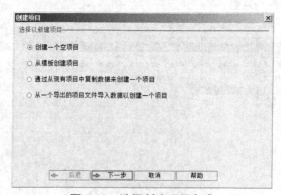

图 2-12　选择创建项目方式

（6）选择"创建一个空项目"，单击【下一步】按钮，进入图 2-13 所示的界面。输入项目名称"OA"，单击【下一步】按钮。

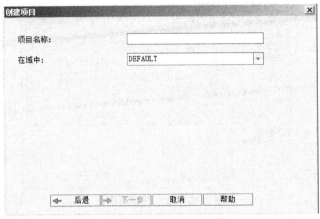

图 2-13 输入项目名称

（7）数据库选择默认即可，不做处理，单击【下一步】按钮，如图 2-14 所示。

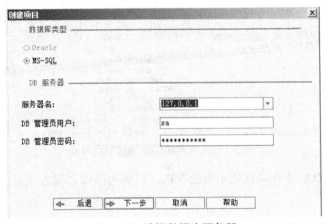

图 2-14 选择数据库服务器

（8）设置项目管理员为 "zhangsan（张三）"，如图 2-15 所示。

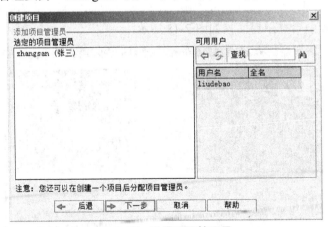

图 2-15 设置项目管理员

（9）完成相关设置，提交创建操作，如图 2-16 所示。

（10）创建成功后，即可在项目列表中看到 OA 系统项目信息，如图 2-17 所示。

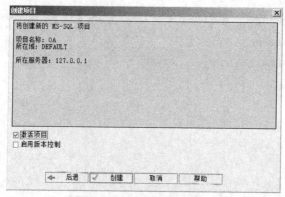

图 2-16　创建并激活项目

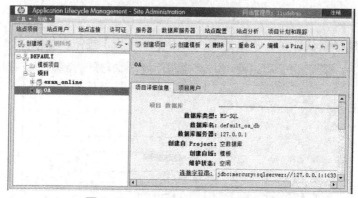

图 2-17　OA 系统项目信息显示界面

　　创建成功后的 OA 系统项目处于激活状态，只要为该项目设置项目组别、成员，即可开展日常的测试工作了。

2.5.4　ALM 项目自定义

　　ALM 站点管理员在后台创建好被测项目 OA 后，OA 项目管理员可在 OA 项目自定义功能中进行项目组、项目成员、模块访问权限、缺陷添加界面定制、缺陷查看界面定制等设置。

　　（1）打开 ALM 前台登录界面，如图 2-18 所示。

图 2-18　ALM 前台登录界面

（2）输入项目管理员账号及密码，进行身份验证，验证通过后进入所属项目，如图 2-19 所示。

图 2-19　项目配置功能登录界面

（3）项目管理员选择"工具"→"自定义"命令，进入项目设置组件，如图 2-20 所示。

图 2-20　进入项目自定义组件

1. 项目组设置

一般而言，项目组分为测试组、开发组、项目管理组，创建时需选择继承组权限。测试组继承于"QATester"，开发组继承于"Developer"，项目管理组则继承于"Project Manage"组。具体设置如图 2-21 所示。

项目组任何成员都不应具有删除缺陷的权限，因此将项目管理组缺陷删除的权限全部取消，如图 2-22 所示。

图 2-21　创建测试组

图 2-22　项目组列表界面

2．项目成员设置

单击"项目用户"设置项目组成员，如李四、王五、马六等。其中，李四为测试人员，王五为开发组长，马六为开发工程师，如图 2-23 所示。

图 2-23　项目成员信息

3．模块访问权限设置

单击"模块访问"选项卡，进入模块访问权限设定，通常而言，可不做处理，但为了项目成员登录后的界面显示简洁，可进行相关设置。如图 2-24 所示，项目组成员仅需查看缺陷、测试计划、测试实验室、需求等模块，其余模块则不可见。

设置好后，以 lisi 账号登录，界面显示效果如图 2-25 所示，不再显示控制面板、组件、版本等用不到的功能模块了。

图 2-24　模块访问权限设置

图 2-25　定制后的显示界面

4．缺陷添加界面定制

ALM 默认的缺陷添加界面显示的元素非常多，很多字段在实际测试工作开展过程中不会用到。因此可根据测试团队自身的缺陷管理规范进行设定。优化前的缺陷添加界面如图 2-26 所示。

图 2-26　优化前的缺陷添加界面

上述界面包括计划关闭版本、关闭于版本、估计修复时间等字段，这些字段在很多公司的缺陷报告模板中都不涉及，因此可取消。

项目管理员登录自定义模块，单击"工作流程"→"脚本生成器-添加缺陷字段自定义"按钮，进入图 2-27 所示的设定界面。

选择用户组，如测试组，根据需求选择相关字段是否显示及显示顺序，如图 2-28 所示。

以 lisi 身份登录 ALM，进行添加缺陷操作，显示界面如图 2-29 所示，其变得非常简洁。

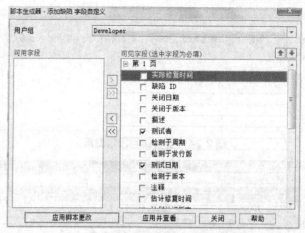

图 2-27　添加缺陷字段自定义界面

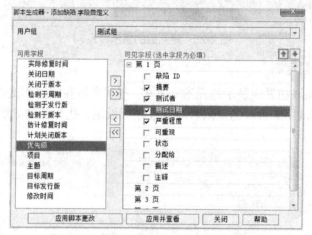

图 2-28　优化后的添加缺陷字段显示方式

图 2-29　优化后的缺陷添加界面

　　以类似的方式，将开发组及项目管理组、TDAdmin 组的添加缺陷界面进行修改。如果某个用户属于多个组，只要其所在的组有一个没有修改，则其仍将看到优化前的显示界面。

5．缺陷查看界面定制

它是与优化缺陷添加界面类似的操作方式，但查看缺陷时，其显示字段信息要比添加时增加了一些。这里仅展示优化后的结果，如图 2-30 所示。

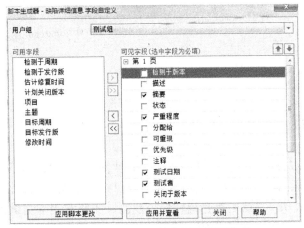

图 2-30　优化查看缺陷界面显示信息

上述项目自定义操作完成后，项目成员可使用 ALM 开展测试需求提取、测试用例设计、测试集设置及执行、跟踪处理缺陷等操作。

实训课题

1．描述常规测试团队成员。
2．搭建 ALM 应用环境，创建 OA 项目并完成项目组设定操作。

第 3 章 测试计划与测试方案

本章要点

"工欲善其事，必先利其器"。制订切实可行的计划，可以保证团队成员预先知道什么时间该做什么事情，引导团队更有效、更正确地达成目标。根据计划，设计合理高效的执行方案，更能保证项目的成功。本章主要介绍软件企业测试团队常用的测试计划及测试方案内容，通过案例展示测试计划与测试方案内容。

学习目标

1. 理解系统测试计划、系统测试方案的重要性。
2. 了解系统测试计划、系统测试方案的内容。
3. 掌握系统测试计划、系统测试方案的设计方法。

3.1 测试计划设计

软件项目设计研发过程中，项目经理根据需求规格说明书制订对应的项目计划，开发团队依据需求规格说明书、项目计划制订开发工作计划，而测试团队则需要根据需求规格说明书、项目计划、开发工作计划制订符合项目进度的测试计划。

软件测试基本流程是测试计划与控制、测试分析与设计、测试实现与执行、评估出口准则和报告、测试结束活动。一个完善、合理的测试计划是测试活动高效开展的保障。任何项目都应在测试活动开始前设计测试计划，用以指导测试活动有序开展。

3.1.1 测试计划定义

测试计划在不同的企业有不同的定义，附随项目计划、开发工作计划的测试计划称为主测试计划。针对不同测试级别也可制订测试计划，如单元测试阶段制订单元测试计划、集成测试阶段制订集成测试计划、系统测试阶段制订系统测试计划等。针对软件需满足的质量特性，可制订功能测试计划、安全性测试计划、性能测试计划、兼容性测试计划等。

大部分企业制订测试计划时，往往跟随项目计划与开发计划。本书仅介绍系统测试计划。

3.1.2 测试计划目的

编写测试计划的目的如下。

（1）收集并分析被测软件的需求情况；

（2）细化待测的需求，如功能需求、性能需求等；

（3）尽量量化测试需求，并给出测试标准；

（4）制定测试通过/失败标准、测试挂起/恢复标准；

（5）合理配置测试资源；

（6）评估测试风险，尽量避免或减少风险带来的损失。

3.1.3　测试计划设计

根据模板，设计本次 OA 系统测试计划，具体见附录 1 "OA 系统测试计划"。

3.2　测试方案设计

测试计划设定了测试目的、测试范围、团队组织形式、所需资源、可能存在的风险及测试通过/失败标准等，但没有明确提出具体测试活动采用的策略。测试方案则明确表述测试活动中所用的测试方法，如测试方法、测试类型、测试资源等。

3.2.1　测试方案定义

测试方案在测试计划的基础上，详细描述需要被测对象的质量特性，如功能、性能、兼容性、稳定性等，并指出具体的测试方法，如手工测试、自动化测试，说明测试环境的规划及测试工具的设计和选择，列出测试用例的设计方法。与测试计划不同，测试计划说明做什么，而测试方案说明怎么做。

3.2.2　测试方案目的

测试方案编写的目的是明确测试活动实施过程中针对具体的测试项目所采取的具体方法、测试所需的测试资源如何获取、测试最终输出物如何交付等，明确测试活动要测什么、怎么测以及达到什么样的质量标准。

3.2.3　测试方案设计

在规范的软件企业中，企业都会提供标准的测试方案模板。模板中规定了方案中必须包含的内容，如测试配置要求、软件结构介绍、各测试阶段测试用例等。虽然不同的企业，模板内容会有些差异，但是核心内容基本是相同的，方案核心内容包括以下几方面。

1．测试环境规划

在软件版本发布后，软件测试工程师需要把发布的软件安装到测试环境中进行测试，那么需要在软件测试方案中明确测试环境的各种组成元素，这里包含测试环境的硬件、软件、网络拓扑图。硬件主要有硬件服务器的型号和主要的元件参数、路由器型号等；软件主要有 OA 系统运行所依赖的软件环境服务器操作系统、数据库及版本、Web 服务器及版本等；网络拓扑图主要用于指导搭建环境时网络的组成方式。测试环境的硬件、软件和组网方式一般会在软件概要设计文档中有所体现，由软件架构师确定。测试环境的规划原则就是尽量贴近生产环境，最好保持一致。

2．测试方法

明确每个功能点测试执行的具体方法，包括手工测试、自动化测试、采用什么用例设计方法等。

3. 测试重点

测试重点明确每个系统模块、功能点需重点测试的特性，明确每个测试项的优先级。

4. 测试规程

测试规程是测试过程中一些规则的统一定义，如用例优先级判断规则、缺陷严重程度判断标准、测试数据准备原则、测试执行顺序要求、预测试转系统测试流程、版本挂起及恢复标准等。

根据测试模板，设计本次 OA 系统测试方案，见附录 2 "OA 系统测试方案"。

实训课题

1. 讲述测试计划构成。
2. 讲述测试方案构成。
3. 独立完成 OA 系统测试计划与测试方案，并分组评审。

第 **4** 章　测试需求分析与管理

本章重点

测试工程师实施具体测试活动，首要的工作是完成测试需求分析，以便于后续的用例设计和测试执行。如何获取测试需求及有效分析测试需求，是测试工程师必须掌握的技能。本章重点介绍需求来源及需求分析方法，并结合 ALM 讲解测试工作中如何对测试需求进行有效管理。

学习目标

1. 掌握测试需求分析方法。
2. 了解对于没有规范的需求文档如何分析需求。
3. 了解利用 ALM 管理测试需求的方法。

4.1　测试需求分析

测试需求分析是软件测试活动中非常重要的一个环节，通过对需求规格说明书的可测性分析，获取测试用例设计活动开展所需的测试项及测试子项。测试需求分析提取完成后，需经过测试团队或测试与开发联合团队进行评审，评审通过后方可作为测试用例设计活动的输入。

所谓测试需求，就是在开展测试工作的初期，需要确定本项目测试的内容与重点。在接收到测试申请，分配到相应的任务后，测试工程师需要弄清楚被测对象是干什么的、哪些地方需要测试、这些需要测试的地方有没有优先级等。一般情况下，测试组长分配测试任务时，会给出与项目相关的文档，比如这里的 OA 系统需求规格说明书、OA 系统概要设计文档、OA 系统详细设计文档、OA 系统数据字典定义、OA 系统数据库设计等，测试工程师会根据自己的任务内容去查阅相关章节。如果前面有需求测试的话，这个步骤可以省略，直接进行需求的提取。如果没有需求测试，则需要深入了解被测系统，以期知己知彼。

【案例 4-1　OA 系统测试需求分析】

测试组长从配置管理员处提取该系统的相关文档，如 OA 系统需求规格说明书、OA 系统概要设计文档、OA 系统详细设计文档等。当然，也可能什么文档都没有，仅有开发人员提供的功能列表、检查列表（Check List）。测试工程师需根据这些文档去熟悉系统，画出系统的功能结构图、业务流程图等，从而清晰地了解系统的功能架构，为更好地熟悉、测试被测系统提供帮助。需要说明的是，不要总幻想公司在实际项目生产过程中的流程多么规范、文档多么齐备。在某些情况下，因为各种客观、主观原因，可能没有这么多完善齐备的需求、开发文档，测试工程师也应该能够出色地完成测试任务。

本案例为 OA 办公自动化系统，采用 JSP 开发，基于 B/S 结构，整个系统共有通知、工作流、文件柜、任务督办、工作计划、工作记事、考勤、网络硬盘、通信录、设置代理、短消息、邮箱、社区、博客、聊天室、图书管理、办公用品管理、资产管理、车辆管理、会议管理、邮编区号万年历、档案管理、客户管理、销售管理、供应商管理、系统管理等模块，不存在与之对接的辅助业务系统。表 4-1 所示是 OA 系统各个功能模块名称及功能简介。

表 4-1　OA 系统功能简介

模块名称	功能简介
行政管理	
公共通知	发布公共通知，利用电子文件柜中的插件，可以很方便地发送通知，相关人员将会收到短消息提醒，还可以发布部门通知，部门通知仅相关部门人员可见
工作流	通过可视化流程设计器，定义各种各样的流程。流转时可以指定角色，也可以指定相关人员，支持串签、会签、异或发散、异或聚合、条件节点、节点上多个人员同时处理、人员安排策略等，能够自动按组织机构、角色、职位根据行文的方向自动匹配人员，并且具备强大的流程查询功能
智能表单设计	通过表单智能设计器，能够在原来 Word 文档基础上创建表单，支持常用的输入框、下拉菜单、日期控件，支持嵌套表格，还支持宏控件，如用户选择、部门选择、意见框、签名框、图像控件、手写板等。在设计流程的时候，能够指定相关人员对表单控件的修改权限，没有权限的人员将不可以修改输入框的内容
电子文件柜	文档管理系统是用户对各种文档进行管理的工具，并在此基础上可以建立个人文档库，针对个人文档库和公用文档库，提供对文档的建立、修改、删除及归类存储等管理功能，可以使用多种文件格式，并可设置读者权限来共享。电子文件柜中采用了功能强大的 WebEdit 控件，可以很方便地采集远程图片、Flash 等，实现所见即所得编辑
工作计划	工作计划是为了加强工作的计划性，提高工作效率，日常工作必须做到有计划的合理安排。工作计划中可以指定参与部门、人员、负责人等，并且可以实现计划的调度，如周计划、月计划等，可以定时提醒参与人员，工作计划带有进度，用户可以添加工作计划的回复，回复可以带附件
任务督办	以树形的方式对任务进行组织，发起者可以把任务交办给某几个人员，承办者可回复任务或者继续交办，任务的发起者可以催办、改变任务的状态，任务层层布置下去，最终形成一棵任务树，树上各个节点的人员只能看到有权看到的节点
考勤管理	实现网上签到，可进行考勤信息的记录，可定义每天的上下班时间
工作记事	记录每天的工作，记录只能在当天修改，便于工作的回顾和总结，上级领导可以调阅查看相关人员工作情况
组织机构	单位名录将以树状的机构宏观上将组织的机构管理起来，使用户能够轻松查询组织的机构图以及机构内部的基本人员信息，将组织信息一目了然地显示在用户的面前

续表

模块名称	功能简介
个人助理	
我的文档	提供个人文件柜功能，短消息可以转存至我的文档
通信录	对通信名单进行分组管理、查询，可以导入、导出 Outlook 格式的通信录
消息中心	可以收发短消息，短消息可以加附件，有权限的用户可以进行短消息的群发
工作代理	员工外出时可以设置工作的代理人，所有事务可以自动转发给工作代理人，员工回来后可以查看所有授权的事务处理过程
日程管理	日程管理可以用于个人时间管理，可以进行约会、会议安排，可以通过台历式的图形界面，轻松地查看安排好的各种约会
控制面板	修改个人信息、设置消息提示的参数、管理论坛中的个人用户信息、定制桌面，可将文件柜中的目录和文件、待办流程、任务督办、日程安排、论坛新帖、博客新帖等根据个人的需要定制至桌面
电子邮件	电子邮件是办公自动化系统中最基本的功能，通过电子邮件系统可以方便地起草、发送邮件、浏览接收到的邮件并归类存档，可以实现各类信息（如信件、文档、报表、多媒体等多种格式文件）在系统中各分支机构、部门及个人之间快速、高效地传递
公共信息管理	
图书管理	图书资料的基本信息管理和借阅管理
办公用品管理	物品管理主要是实现办公用品这类易耗品、公用设备的请领管理，如办公设备、办公用品等的基本信息管理和借用、占有及调度管理，用户通过系统全面了解机构物品各种情况，并可以进行申领
资产管理	实现对单位固定资产的基本信息、登记、领用、折旧管理，同时系统提供查询和统计功能
会议管理	会议管理系统实现会议室、会务信息的申请、安排和管理，提供会议人员、时间、场地的管理
车辆管理	对车辆资源的使用、调度进行管理，可实现驾驶员、车辆占用及调度的统一安排
问卷调查	在线问卷，调查意见、想法，并可汇总，以便于管理人员参考掌握相关情况
档案管理	
档案管理	档案管理实现对人员的基本信息、学习、履历、家庭、任职、专业技能、考核、奖励信息的管理、查询
销售管理	
客户信息管理	客户信息、客户单位信息管理，个人用户可对自己的客户信息进行管理，并可共享给其他人员，客户经理可对所有的客户信息进行管理。管理人员可以自行定义需要管理的客户信息，并支持对新加信息的管理
合同管理	合同管理可以登记合同的详细信息，管理人员可以自行定义合同中的有关内容，并支持对新加内容的查询

续表

模块名称	功能简介
销售管理	
产品销售管理	添加产品销售的记录，并可进行查询。管理人员可以自行定义管理信息中的有关内容，并支持对新加内容的查询
供应商信息管理	对供应商及联系人进行管理。管理人员可以自行定义管理信息中的有关内容，并支持对新加内容的查询
超级管理	
工号管理	对员工工号进行管理，用户也可以通过工号登录
调度中心	可对流程和工作计划进行调度，定时发起流程，或者进行工作计划的提醒，有效保障工作按时有条不紊地进行
系统管理	对用户、角色、用户组、权限分配、部门、公共共享、流程定义、流程中文档的序列号、论坛、博客、讨论、系统环境、配置等进行管理
自定义模块	通过智能表单设计，定义模块的显示列表、权限等
系统日志	对系统用户的登录使用情况进行监控记录
生日管理	对员工生日进行管理，可以设置生日提醒
菜单管理	对左侧菜单、顶部及底部导航菜单进行管理
工作日历	对工作日进行管理，设置节假日，安排工作时间段，流程、考勤与工作日历是相关联的

　　如果项目开发流程比较正规，用户需求规格说明书会给出系统的整个功能结构图。测试工程师可以根据这个功能结构图来组织测试。如果没有，测试工程师应当自己画图。测试工程师最好在提取需求、设计用例之前画出系统的功能结构图及自己所分任务模块的功能结构图、业务流程图。图形一目了然，比起无章法的随意划分要好多了。

　　为了便于讲解，这里仅以"公共信息"下的"图书管理"功能模块为例，详细描述该模块测试需求的提取过程，并介绍如何使用 ALM 进行测试需求管理。

　　开展需求提取之前，测试负责人需在 ALM 中创建相应项目并做好相应的用户成员、访问权限设定。这部分在本书第 2 章的 2.5 节已经完成。测试工程师可登录 ALM 进行测试需求提取操作。

4.2　测试需求管理

　　项目创建成功后，测试组员登录 ALM 进行测试需求的提取与管理。

　　【案例 4-2　图书管理功能结构图设计】

　　从前面的测试任务分配知道，李四分配的任务中包含测试"图书管理"模块。测试活动开展后，李四应该阅读需求规格说明书中关于"图书管理"模块的需求说明，并画出功能结构图、业务流程图，加深对被测对象业务的理解。"图书管理"模块的功能结构如图 4-1 所示。

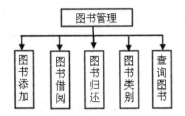

图 4-1 "图书管理"模块功能结构图

【案例 4-3 图书管理需求提取】

测试组员李四登录 ALM，在"需求"模块编写测试需求。"需求"的主要功能是对测试设计使用的测试需求进行管理，主要包括新建需求、修改需求、删除需求、转换需求、统计分析等功能，如图 4-2 所示。

图 4-2 ALM 需求管理界面

在提取需求之前，测试小组需先根据测试方案中的测试特性进行目录结构划分。以本次OA 系统测试为例，主要进行功能、兼容性及性能测试，可由测试组长张三在设置 ALM 基础应用时，先进行目录结构的划分，也可由测试组员划分，但不能重复。划分需求目录结构的过程如下。

（1）单击"新建文件夹"按钮，在"需求文件夹名"文本框中输入"功能测试"，单击"确定"按钮，如图 4-3 所示。

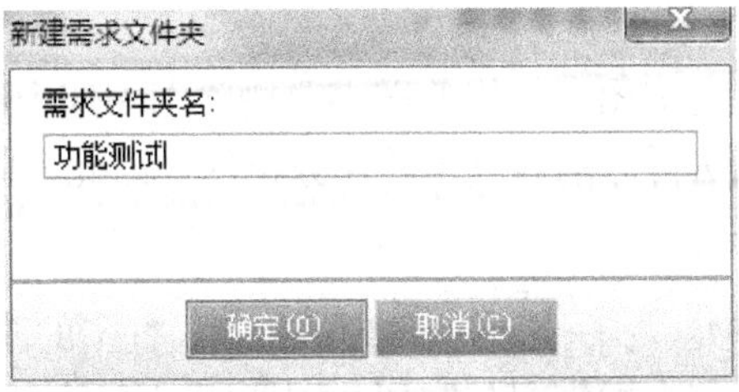

图 4-3 创建功能测试需求文件夹

（2）单击"Requirements"，再单击"新建文件夹"按钮（防止新建的文件夹归属于"功能测试"下，导致结构错误），类似步骤（1），创建兼容性测试、性能测试两个需求文件夹。完成后的效果如图 4-4 所示。

图 4-4　OA 测试需求文件夹结构

根据测试目标定义，创建好测试特性目录结构后，李四根据需求规格说明书及用户使用习惯分析被测需求。

【案例 4-4　图书管理功能用户分析】

测试工程师李四从业务应用角度考虑，将图书管理功能用户分为图书管理员、读者两种。

1. 图书管理员

图书管理员需先进行图书类别管理、图书信息管理。只有发布了图书信息，读者才能查询、借阅和归还。图书管理员需提供基础数据，读者才能完成相关业务操作。这是常规的业务流程，测试工程师在实际项目中需考虑。

2. 读者

仅当图书管理模块存在可借阅的图书时，读者才能查询、借阅与归还，因此测试"图书管理"功能需模拟两种不同的身份。

【案例 4-5　图书管理业务流程分析】

"图书管理"模块的使用流程为"**图书管理员登录**→设置图书类别→添加图书→**读者登录**→查询图书→借阅图书→归还图书"。

如果从系统结构设置角度考虑，图书管理模块下含有五个子功能点：类别管理、图书管理、图书查询、图书借阅及图书归还。

1. 类别管理

图书管理员进行图书类别管理时，根据需求，可将其分解为添加类别、修改类别、删除类别三个子功能，而这三个子功能为最小的业务单元，无法再进行细分。在 ALM 需求管理中，可将其标识为一个测试点，如图 4-5 所示。

用同样的方式，添加"修改类别""删除类别"。

2. 图书管理

系统提供了增加图书、查询图书、修改图书及删除图书四个图书管理功能。每一个具体的操作与类别管理类似，无法再分割为更小的业务组件，因此，同样作为测试点提取。

3. 图书查询

图书查询功能分为两种类型：一是图书管理员查询，查出的图书信息可进行修改或删除；二是读者查询，查出的图书信息可借阅与归还。因此图书管理员的查询图书，归属于图书管理模块下；而读者的查询图书，则作为用户应用单独提取。

图4-5　图书类别添加需求界面

4．图书借阅

图书借阅作为读者使用的功能，提供了借阅功能，单独作为业务提取。

5．图书归还

图书归还与借阅类似，单独提取。

所有业务分析完成后，利用 ALM 提取的需求结构如图 4-6 所示。

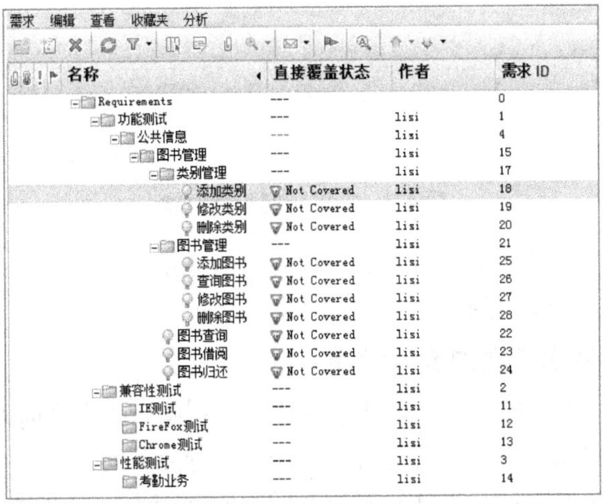

图4-6　图书管理需求列表

上述过程讲述了如何提取测试需求以及在 ALM 中如何设置它们的目录结构，这些事情都是在有明确需求的情况下做的。然而现实状况中很可能没有明确完善的用户需求文档，那么在这种没有任何需求文档的时候，测试工程师该如何开展提取需求工作呢？

通常情况下，开展需求提取工作的方法有以下两种。

（1）如果有正式的需求规格说明书，则可根据需求规格说明书中的需求定义进行提取，每一个客户需求即为一个测试需求，同时可根据需求的性质进行分类，如功能、性能、安全性、兼容性等。

（2）如果没有正式的需求规格说明书，则可按测试要求或者开发人员提供的功能列表或者检查列表进行提取，每一项测试要求即为一个测试需求，同时可根据需求的类别进行分类，如功能模块、性能要求等。

测试需求尽量分析清晰，最好能细化到每一个功能点。

根据测试任务的分配，完成了测试需求提取工作后，小组内要开展评审。这样的会议一般由测试组长组织，将本次测试需求提取的内容列出，小组成员互相阅读，从而检查组员在提取需求过程中的遗漏点与错误点。发现问题后立刻记录下来，然后修改、评审，直至通过。

完成测试需求提取并评审通过后，可以利用"需求"模块提供的需求转换功能，将提取的测试需求转换为"测试计划"。此处的"测试计划"，其本质为通常意义上的测试功能点。转换后，测试工程师可以对这些功能点进行测试用例设计。

【案例 4-6　图书管理测试需求转换】

选择需求列表中的"功能测试"选项，单击"需求"菜单下的"转换到测试"命令，进行测试需求转换到测试点操作，如图 4-7 所示。

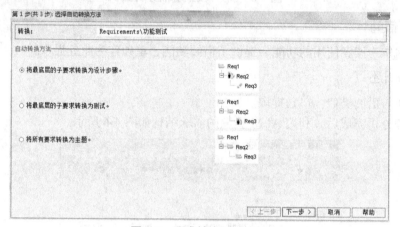

图 4-7　需求转换测试功能

目前 ALM 提供了 3 种需求转换功能，分别为将最底层的子要求转换为设计步骤、将最底层的子要求转换为测试、将所有要求转换为主题。

1. 将最底层的子要求转换为设计步骤

ALM 中测试设计步骤的定义，与测试用例的步骤相同，即将当前的需求转为测试用例中的一个步骤。如果测试需求为 UI 层面的需求，则可进行此项操作。如"验证应用打开后是否位于屏幕中间位置"，这个需求无法再分解为更详细的操作步骤，并且已经描述了预期结果，可直接演变为一个测试步骤。

2. 将最底层的子要求转换为测试

将测试需求转换为一个测试点，如上述的"添加类别"。"添加类别"作为一个测试点，可利用等价类、边界值等用例设计方法从不同的角度验证该功能能否正常完成，如"添加名称为 21 个汉字长度的类别""添加名称包含单引号的类别""添加名称为空格的类别"等。这种转换方式较为常用。

3. 所有要求转换为主题

将所有要求转换为主题，主题是一个功能集合，可能需再分解为若干测试点。如果在需求提取环节没有细致分解，则可利用该功能在转换时重新分解。通常不用该功能。

　　了解了上述三种转换方式,测试工程师选择第二种方式"将最底层的子要求转换为测试",将之前提取的测试需求进行转换, 过程如图 4-8 所示。

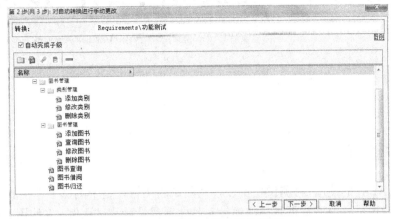

图 4-8　图书管理需求转换界面

转换完成后, 可在"测试"→"测试计划"选项中展开查看, 如图 4-9 所示。

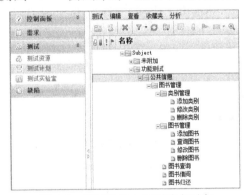

图 4-9　测试计划中的测试点列表

　　通过上述几个案例操作, 图书管理功能的测试需求提取、转换工作已经完成。需要注意的是, 在提取测试需求时尽量对测试需求进行细分, 最好细化到系统的最小功能单元。那么这个最小功能单元怎么确定呢? 软件的每一次业务提交操作, 或者一个页面的跳转, 或者无法再细分的功能模块, 都可算作系统的最小功能单元。功能测试又称为数据驱动测试, 那么只要存在数据流转, 就可以看作系统的最小功能单元。比如图书添加、图书修改、图书删除等, 这样的功能已经无法再细分了, 那么这些就是系统的最小功能单元, 提取测试需求的时候划分到这一级就行了。用户期望的是完成某项业务, 而不是使用某个功能, 从用户的角度考虑, 分解最小业务单元。

　　测试需求提取完成后, 测试工程师就可以按照 OA 系统测试计划中的进度计划, 开展测试用例设计工作。

实训课题

1. 阐述没有明确的需求资料时, 开展测试需求分析与提取工作的方法。
2. 独立完成 OA 系统办公用品管理测试需求分析, 并利用 ALM 进行测试需求管理。

第 5 章　测试用例设计与经验库

本章重点

　　本章结合 ALM 的使用，对测试用例设计及测试用例管理整个测试工作中的关键点进行系统的阐述。读者通过学习本章可掌握如何针对具体项目设计测试用例，并使用 ALM 进行测试用例管理，了解企业中测试用例设计过程，加深对测试用例设计方法的掌握。附录 3 "OA 系统功能测试用例集"提供了"图书类别管理"完整的系统测试用例模板，便于初学者参考。除了规范的用例设计案例外，还提供了测试工程师测试过程中积累的工作经验，作为执行测试活动的必要补充。

学习目标

　　1. 复习系统测试用例格式。
　　2. 掌握测试用例设计方法在实际项目中的运用。
　　3. 掌握利用 ALM 进行测试用例管理。

5.1　测试用例设计

　　开展测试用例设计活动之前，先花点时间回顾一下什么是测试用例。

　　测试用例实际上是对软件运行过程中所有可能存在的目标、运动、行动、环境和结果的描述，是对客观世界的一种抽象。通俗地讲，测试用例就是测试工程师在实际测试活动中使用的实例，比如"输入正确用户名'liudebao'、正确密码'123456'，单击【登录】按钮登录系统"这样的操作描述，即是软件测试活动中所使用的测试实例，也就是通常意义上的测试用例。

　　设计测试用例，即设计针对特定功能或组合功能的测试方案，并编写成文档。测试用例应该体现软件工程的思想和原则。测试用例设计既要覆盖一般情况，也应考虑极限情况以及最大和最小的边界值情况。因为测试的目的是暴露应用软件中隐藏的缺陷，所以在选取测试用例和数据时要考虑易于发现缺陷的测试用例和数据，结合复杂的运行环境，在所有可能的输入条件和输出条件中确定测试数据，来检查应用软件是否都能产生正确的输出。

　　每一个项目有明确的时间和成本限制，测试不可能无限期地进行，而且任何程序只能进行少量而有限的测试，无法做到完全及彻底的测试。所以，在软件测试工作中，测试工程师需采用一定的方法，设计高效的测试用例来指导测试工作，提高工作效率，从而更好地发现并解决软件中的缺陷。

从工程实践的角度，测试用例设计通常需遵循以下几条基本准则。

（1）测试用例的代表性：能够代表各种合理和不合理的、合法和非法的、边界和越界的以及极限的输入数据、操作和环境配置等。

（2）测试结果的可判定性：测试执行结果的正确性是可判定的或可评估的。

（3）测试结果的可再现性：对同样的测试用例，系统的执行结果应当是相同的。

不同测试方法可采用不同的测试用例设计方法，如用白盒测试用例设计方法设计单元测试阶段所需的用例，用黑盒测试用例设计方法设计集成测试、系统测试等阶段的测试用例。

测试用例设计方法有等价类、边界值、错误推断、因果图、比较测试法、决策表等。具体的方法含义本教程不做详细介绍。

测试用例常见的记录方法有 Word、Excel、ALM、禅道等，测试用例内容主要包括测试标识项、测试用例名称、测试类型、用例前置条件、测试目的、测试日期、测试执行人、测试数据、测试步骤、预期结果、实际结果、测试结果等。

在 ALM 中创建用例的过程与在 Word、Excel 等载体中创建方法一样。测试工程师详细提取测试需求并转换这些需求后，进行测试用例设计。

结合第 4 章"测试需求分析与管理"，以及本教程的案例项目，细化被测对象的测试需求。

【案例 5-1　添加图书功能需求分解】

1．功能介绍

图书管理员在图书管理模块中添加图书信息，便于读者查询、借阅。

2．功能输入（见表 5-1～表 5-9）

表 5-1　添加图书功能需求-图书编号参数

参数 1	图书编号
参数类型	字符串
参数描述	图书编号，图书的唯一标识
参数约束	长度限制为最长为 100 个字符 不能为空 图书编号不能重复
备注	无

表 5-2　添加图书功能需求-书名参数

参数 2	书　名
参数类型	字符串
参数约束	长度限制为最长 100 个字符 不能为空
备注	无

表 5-3　添加图书功能需求-图书类别参数

参数 3	图书类别
参数类型	字符串
参数约束	不能填写 下拉框显示所有已录入的分类 必须选择分类
备注	无

表 5-4　添加图书功能需求-图书归属参数

参数 4	图书归属
参数类型	字符串
参数约束	不能填写 下拉框显示所有公司部门
备注	无

表 5-5　添加图书功能需求-作者参数

参数 5	作　者
参数类型	字符串
参数约束	最长输入内容为 100 个字符
备注	无

表 5-6　添加图书功能需求-价格参数

参数 6	价　格
参数类型	字符串
参数约束	只能输入正整数或正的小数 小数点后最多只能输入两位 选填
备注	无

表 5-7　添加图书功能需求-出版社参数

参数 7	出版社
参数类型	字符串
参数约束	最长输入内容为 100 个字符
备注	无

表 5-8　添加图书功能需求-出版日期参数

参数 8	出版日期
参数类型	字符串
参数约束	选择输入 格式为 YYYY-MM-DD 输入日期在当前日期之前
备注	无

表 5-9　添加图书功能需求-内容介绍参数

参数 9	内容介绍
参数类型	字符串
参数约束	最长输入 200 个字符
备注	无

3. 业务处理

添加图书系统处理过程如表 5-10 ~ 表 5-14 所示。

表 5-10　图书添加业务逻辑处理表-图书编号

如果用户没有输入提示"请输入图书编号"

如果图书编号重复提示"图书编号已存在"

此输入域最大只能输入 40 个字符

表 5-11　图书添加业务逻辑处理表-图书名称

如果图书名称为空，则提示"请输入图书名称"

此输入域最大只能输入 40 个字符

表 5-12　图书添加业务逻辑处理表-图书分类

如果没有选择图书分类，则提示"请选择图书类别"

此输入域最多能输入 40 个字符

表 5-13　图书添加业务逻辑处理表-价格

如果没有填写，则提示"请输入正确的价格"

如果输入的不是数字和小数点正确格式的货币数，则提示"请输入正确的价格"

表 5-14　图书添加业务逻辑处理表-出版日期

如果输入的格式不符合要求，提示"请输入正确的出版日期格式"

如果输入的时间在当前之后，提示"输入的日期不能在当前之后"

4. 结果输出

输入校验通过后，系统提示"添加成功"。

【案例 5-2 添加图书测试需求表】

根据上述图书添加需求分析，获取其测试范围、测试规格等内容，如表 5-15 所示。

表 5-15 添加图书需求分析表

需求项	需求编号	输入	控件类型	输入约束	输　　出
添加图书	OA_AddBook_01	1. 图书编号	文本框	（1）唯一 （2）长度 1～40 个字符 （3）必填	1. 提示"添加成功" 2. 通过"图书查询"功能可以查询到添加的图书，显示数据与添加一致
		2. 书名	文本框	（1）长度在 1～40 个字符 （2）必填	
		3. 图书类别	下拉列表	（1）只能选择 （2）必填	
		4. 图书归属	下拉列表	（1）只能选择 （2）必填	
		5. 作者	文本框	1～40 个字符	
		6. 价格	文本框	（1）整数 （2）最多两位小数	
		7. 出版社	文本框	1～100 个字符	
		8. 出版日期	日期控件	（1）选择输入 （2）日期在当前之前	
		9. 内容介绍	多行文本框	1～200 个字符	

测试项和测试子项如表 5-16 所示。

表 5-16 添加图书功能子项需求分析表

需求编号	测试项编号	测试项描述	测试子项编号	测试子项描述
OA_AddBook_01	OA_AddBook_TI_01	图书编号	OA_AddBook_TI_01_01	图书编号唯一
			OA_AddBook_TI_01_02	长度在 1～100 个字符范围内
			OA_AddBook_TI_01_03	长度在 100 个字符以外
			OA_AddBook_TI_01_04	必填
			OA_AddBook_TI_01_05	为空

续表

需求编号	测试项编号	测试项描述	测试子项编号	测试子项描述
OA_AddBook_02	OA_AddBook_TI_02	书名	OA_AddBook_TI_02_01	长度在 1～100 个字符以内
			OA_AddBook_TI_02_02	内容为空
			OA_AddBook_TI_02_03	内容在 100 个字符以外
			OA_AddBook_TI_02_04	书名重复（允许重复，验证是否做了错误的唯一性约束）
OA_AddBook_03	OA_AddBook_TI_03	图书类别	OA_AddBook_TI_03_01	不能填写
			OA_AddBook_TI_03_02	显示所有已添加的图书类别
			OA_AddBook_TI_03_03	下拉框选择图书类别
OA_AddBook_04	OA_AddBook_TI_04	图书归属	OA_AddBook_TI_04_01	不能填写
			OA_AddBook_TI_04_02	显示所有已添加的图书类别
			OA_AddBook_TI_04_03	下拉框选择图书类别
OA_AddBook_05	OA_AddBook_TI_05	作者	OA_AddBook_TI_05_01	长度在 1～100 个字符范围内
			OA_AddBook_TI_05_02	超过 100 个字符
			OA_AddBook_TI_05_03	允许为空
OA_AddBook_06	OA_AddBook_TI_06	价格	OA_AddBook_TI_06_01	整数
			OA_AddBook_TI_06_02	小数点两位
			OA_AddBook_TI_06_03	允许为空
			OA_AddBook_TI_06_04	填写其他违反规则数据
OA_AddBook_07	OA_AddBook_TI_07	出版社	OA_AddBook_TI_07_01	1～100 个字符以内
			OA_AddBook_TI_07_02	可以为空
			OA_AddBook_TI_07_03	100 个字符以外
OA_AddBook_08	OA_AddBook_TI_08	出版日期	OA_AddBook_TI_08_01	日期控件选择日期
			OA_AddBook_TI_08_02	格式为 YYYY-MM-DD
			OA_AddBook_TI_08_03	日期必须在当前之前
OA_AddBook_09	OA_AddBook_TI_09	内容介绍	OA_AddBook_TI_09_01	1～200 个字符之间
			OA_AddBook_TI_09_02	允许为空
			OA_AddBook_TI_09_03	超过 200 个字符

分解需求后，即可利用等价类、边界值、状态迁移等设计方法进行用例设计。

【案例 5-3　添加图书测试用例设计】

（1）测试组员李四登录 ALM 后，单击"测试"→"测试计划"命令，选择需设计用例的测试点，如"添加图书"，在"设计步骤"界面中单击"新建步骤"按钮，出现图 5-1 所示的界面。

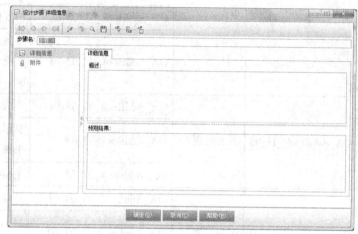

图 5-1　新建测试用例

步骤名：测试用例标题，描述本测试用例的测试目的。

详细信息-描述：描述测试用例所需的测试数据及操作步骤。

预期结果：描述当前业务过程处理后预期的行为表现。

附件：如有说明性附件，可添加。

此处的用例格式与常规的测试用例格式略有不同，如需一致，可由项目管理员张三在项目自定义中设置，加上优先级、用例属性等字段。

（2）输入步骤名称。验证测试所有必填项为空时，系统校验功能的正确性。

（3）输入描述。测试数据：无。操作步骤：不输入任何数据，直接单击【确定】按钮。

（4）输入预期结果。系统弹出对话框提示"书名不能为空"。

设计完成后的格式如图 5-2 所示。

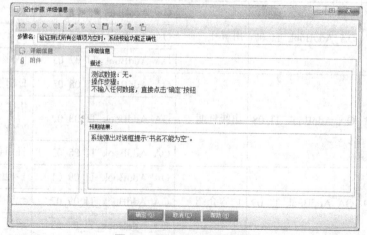

图 5-2　添加图书测试用例

如以表格形式管理，则用例如表 5-17 所示。

表 5-17　添加图书测试用例

用例编号	OA-AddBook-001
测试标题	验证测试所有必填项为空时，系统校验功能的正确性
预置条件	无
优先级	中
测试输入	无
操作步骤	不输入任何数据，直接单击"确定"按钮
预期结果	系统弹出对话框提示"书名不能为空"

使用类似的方法，将添加图书的每个测试子项都设计为对应的测试用例即可。

测试工程师根据测试需求划分进行测试用例设计，每个测试工程师按照自己的任务分配，将所有的用例设计完成后，测试组长可召开小组内的测试用例评审会。评审成员一般是本项目组的成员，如测试工程师、开发工程师等，当然也可以邀请其他项目组成员。评审阶段主要进行测试用例的论证，讨论分析测试工程师所设计的用例，发现用例设计过程中的错误与不足。发现问题需及时记录，便于后续修改。如用户需求变更，则应及时更新已变更需求的测试用例。

5.2　测试用例管理

测试需求、测试用例设计完成后，测试组长需进行测试用例管理。软件测试工作中，测试用例设计、管理处于极其重要的位置。软件测试核心内容是设计用例、执行用例、报告缺陷三个部分。如果这三个部分无法得到质量保证，软件测试工作很难做好。

现在的项目规模日益增大，需求变动的风险也在不断增加，而测试用例的设计基础是用户需求，如果需求发生了变更，相应的测试用例就应该随之更改。如何在测试工作实施过程中保证测试用例随着需求变更而及时得到更新，是测试组长、测试工程师需要想办法解决的问题。

通常引起测试用例更新的原因有以下几点。

1. 需求变动

用户可能在项目的开展过程中，提出了新的需求，或者对已经存在的需求提出变更，那么作为项目组就需要及时做出响应。大的变动，可能本次项目就不再处理了，留作以后再改，但小的变更是必须满足用户的，那么测试工程师一定要及时跟进这些事，了解需求的最新动态，并对已经设计好的用例进行及时的变更。比如，在"图书类别删除"处，用户提出这样的需求："删除类别时，如果该类别下有图书，则弹出一个界面，供用户选择这些图书的新类别"，那么在开发工程师做代码变更的同时，测试工程师同样需添加相关的用例。

2. 用例完善

刚开始的考虑不周，可能导致一些用例的设计并不是很妥当，经过对需求的再次详细理解及询问开发、业务人员，对需求有了新的认识，认为有必要再添加新的用例来进行测试，增加测试用例的覆盖度，此时也可以进行用例的更新。如"图书类别添加"中，一开始没有考虑到数据库中"类别名称"的字段大小，没有设计一个极限用例，通过对 OA 系统数据库设计文档的阅读，了解到"类别名称"的字段大小是"Varchar（150）"，可以据此设计一个极限用例"输入类别名称超过 150 个字符，进行添加操作"来检查超出数据库字段大小限制后系统的反应。

测试用例更新一般可能由以下两种情况导致。

1. 缺陷引起用例更新

测试用例执行过程中，可能发现了一些缺陷，通过最后对缺陷的分析，发现之所以出现这些缺陷，是因为测试用例的设计缺陷造成的。所以，反过来需要重新设计测试用例，避免缺陷的误提。当然，软件版本的更新也可能引起用例的更新。

2. 设计文档变更

开发工程师设计文档的变更，往往会带来测试用例的变更。比如，"类别名称"的字段大小改成"Varchar（100）"，那么对应的用例就应该改为"输入类别名称超过 100 个字符，进行添加操作"。

本次测试采用 ALM 对测试用例的设计管理，相对于其他方式，利用工具进行测试用例设计管理更具有优势，便于评审、更新、统计，从而为后面的测试用例执行奠定了坚实的基础，为测试工作效率的提高带来很大的帮助。测试组长可以一周组织一次测试用例的审查。通过审查活动，检查测试用例设计是否正确，是否有已变更的需求而对应的用例还没更新等，最大程度保证在测试过程中测试用例本身是正确的，与软件需求时刻是一致的。如果部门有规范的配置管理流程，那么测试用例的管理可以根据实际的规范流程去运作。

5.3　测试经验库

与测试用例设计不同，测试经验库更多体现的是测试工程师在日常测试活动中的经验积累。这些经验很多时候无法编写为测试用例，但可作为测试执行、发现缺陷活动中必不可少的补充。

测试团队在实施测试活动过程中积累的经验，通常可使用 ALM 进行管理，每个组员可在经验库中添加相关测试经验，通过长时间积累，作为测试团队的一笔"财富"。每一位新成员加入后，都可以先学习经验库，更快速地融入团队。

很多公司积累了大量的测试经验，主要分为功能设计、信息提示、系统交互、容错处理、数据边界等部分。

5.3.1　功能设计

所有系统功能设计应当根据用户需求规格说明书确定，但从开发工程师角度思考，他们更多关注的是功能实现，至于是否确实是用户期望、满足用户使用习惯的设计，可能关注度不高，而测试工程师以用户视角验证被测对象，除了关注功能实现外，还需关注是否满足用户使用习惯或约定俗成的规则。

1. 功能冗余

有卖有送，不一定是好事。根据用户需求实现满足其期望功能，总是恰当的做法。开发工程师觉得有用的功能并不一定是用户期望的，如老年手机设计了酷炫的灯光效果，极少的图书类别设计了查询功能。功能越多，出错的可能性越高。

2. 功能夸大

出于营销目的，项目组成员可能通过某种形式夸大被测对象的功能性，测试人员应该综合系统 DEMO、宣传页、用户手册及用户需求多重验证是否存在夸大现象。测试人员把握的宣传原则是"宁可不说我有，也不能赞我多"。当然，最好实事求是。

3. 功能过度

一个简单的功能，却需要通过多个步骤操作才能实现，用户无法记忆太多复杂的步骤。对于用户而言，"事不过三"总是对的，也是他们期望的。

任何系统设计，越是简洁越好。功能过于复杂、业务过于开发的系统，通常没有好下场。

4. 功能无用

既然是没有用的功能，开发出来做什么？需求分析的时候，是否真的分析清楚了？为了功能而实现功能，通常不是一个好的做法。

5. 功能错误

错误的功能，肯定需要处理。人民币转换为日元，却以欧元的汇率，系统是怎么设计的？

6. 功能缺失

说好了，有排序功能，可按照订单号、订单总金额、商品名称等字段排序的，用户却在哪儿都找不到。

5.3.2　信息提示

信息提示，是被测系统与用户交互的纽带。正确有效的提示信息能够帮助用户快速理解业务，掌握软件使用。

1. 提示错误

明明没有填写"图书编号"，系统却提示"图书名称不能为空"。错误的信息提示可能让人怀疑整个系统的质量。

2. 提示费解

"对不起，你的操作不正确，请联系管理员！""我哪里错了，管理员是谁，我去哪里找他？"能不能明确告诉用户错误位置及错误原因？

3. 提示冗余

用户名及密码都没有输入，提交登录后，系统先提示"用户名不能为空"，确定后又提示"密码不能为空"，有什么话不能一口气说完？

5.3.3　系统交互

系统交互，即系统与系统之间，系统与用户之间，存在的数据交互、逻辑处理等。

1. 菜单错乱

相同类别的菜单应该在同一目录，查找与替换功能应该在一起。

2. 不可退出

一些脚本错误出现后，无论确定还是取消，都无法退出当前状态，只能强制关闭进程。

3. 无限等待

到底要加载多久？到底要下载多长时间？哪怕一个虚假的预估时间，对用户来说也是一种安慰。

4. 多重光标

一个一个来，那么光标都来提示用户，用户怎么知道应该先操作哪个，还是系统已经疯了？

5.3.4 容错处理

容错处理体现的是系统健壮性，系统应当对用户输入、输出做出合理的限定。

1. 输入限定

用户名长度不超过 18 个字符、类别名称不超过 15 个字符、内容简介不超过 2 000 个字符，这些都是对用户输入的限定。超过限定的输入是不被接受的。系统应当对超限输入做出明确的禁止。

2. 输出限定

小数点后保留几位，是个重要的问题。是否应该有个规则说明，1.555 元与 1.555 万元的差别是 15 548.445 元？有限的区域只能显示 20 个字符，多余的信息则以折叠方式展示。

3. 错误恢复

不小心的误操作，是否导致无法挽回的结果？密码输入错误几次才会被锁定？系统在用户操作错误时应该给予"改过自新"的机会。

异常的故障出现，系统能否恢复到故障前的状态，也是系统健壮性的重要表现。

4. 异常调用

系统提示用户可以使用微信或 QQ 登录，可怎么授权都无法使用，该怎么办呢？
支付时明明成功了，为什么提示支付失败？钱去哪儿了？还能退回来吗？
系统与系统间的调用，更要保证数据及逻辑的正确性。

5.3.5 数据边界

很多问题出现在数据边界附近，边界内，被测对象以正确的方式处理，但边界外呢？测试工程师应当对被测对象边界附近的数据进行深入测试。

1. 软件边界

数组只能容纳 10 个整数，现在有 9 个、10 个、11 个的可能性，系统响应是什么？

2. 硬件边界

内存使用率已经 99% 了，系统还能运行吗？磁盘已经没有空间了，还需要写日志怎么办？

3. 时间边界

系统等待过程中，是否可以给其发送命令？还有 1 秒结束安装了，能否取消？还有 1 秒完成卸载了，能否取消？系统要求 15 秒内给予响应，否则托管，在 15 秒刚到时做出响应是否取消托管的可能性？

4. 空间边界

系统规定了控件的应用空间，如果把控件拖到区域外呢？是否存在"免死"区域，是否有越界可能？

实训课题

1. 阐述常用黑盒测试用例设计方法。
2. 利用等价类方法设计图书类别管理功能的测试用例。

第 ❻ 章　手工功能测试执行

本章要点

本章详细介绍 OA 系统测试环境搭建过程，利用 ALM 执行测试用例，提交缺陷，系统客观地讲述在实际工作中测试执行阶段的工作内容，让读者掌握相应的测试环境搭建知识，以及利用 ALM 进行测试用例执行、缺陷管理的方法，熟悉回归测试的流程及关注重点。

学习目标

1. 熟练掌握 J2EE 架构环境搭建方法。
2. 熟悉测试用例执行过程。
3. 复习缺陷跟踪处理过程。
4. 了解回归测试重点。
5. 了解测试报告内容及其作用。

6.1　测试环境搭建

遵从项目进度计划安排，测试组在设计完成测试用例并评审通过后，等待测试版本发布。开发团队完成测试版本自测发布后，测试组长应向配置管理员或开发组长申请测试版本，并在开发部门的指导下，完成测试环境搭建。

通常情况下，开发组进行测试版本集成时，需编写该测试版本的环境搭建单，连同测试版本一起提交至配置管理员处。测试组接到测试申请、成功提取测试版本的同时，需同步提取对应版本的测试环境搭建单，如 OA 系统测试环境搭建单。该文档详细描述了如何搭建 OA 系统测试环境以及环境搭建过程中的注意事项。如果开发工程师仅提供一份非常简单的文档，甚至不提供文档，则测试工程师需具备相关的知识去解决。

测试团队接受测试任务时，测试负责人应当了解被测对象的开发语言、运行环境及环境搭建模式，便于测试团队自行搭建环境。

以 Web 系统为例，目前业内主流的开发语言有 Java、C#、PHP 等，移动应用 APP 则以 Objective-C 开发的 IOS 和 Java 开发的 Android 应用为主。测试团队首先需了解被测对象使用的开发平台及语言，从而确定环境搭建方法。

1. Java

目前绝大多数 Web 系统采用 Java+JSP 为主的编程语言开发，采用 J2EE 模式进行系统设计、开发及部署。京东从早期的.NET 平台转变为 J2EE，阿里及淘宝平台采用的一直是 J2EE 模式，金融、证券、基金等业务平台几乎都采用这种模式。

J2EE 模式常用的 Web 服务器为 Tomcat、JBoss、WebLogic、WebSphere 等，数据库则可采用 MySQL、SQL Server、Oracle、DB2 及 MangoDB，可运行在 Windows、Linux 或 UNIX 平台上，具有很好的平台扩展性。

2. C#

C#语言是.NET 平台所采用的编程语言，比早期微软公司的 ASP 语言更为优秀。很多中小型应用都采用 C#语言开发。C#语言开发的应用程序，运行在.NET 平台上，常用的 Web 服务器是 IIS，由微软开发。与之相对匹配度较好的数据库同样有微软研发的 SQL Server 系列，运行平台的局限性较大，仅能运行在 Windows 平台上。

3. PHP

PHP 语言在开发网站及论坛方面具有非常大的优势，小巧，高效。国内两大著名的论坛程序 Discuz 及 PHPWind 都采用 PHP 语言开发。PHP 语言对应的系统架构模式一般为 LAMP，即 Linux+Apache+MySQL+PHP。

本系统是基于 Java Bean、Servlet 设计的，运行在 JDK+Tomcat 服务上，使用的数据库是 MySQL。环境搭建过程中，需要测试工程师掌握相关的软件安装及配置技能。

项目组中，搭建测试环境工作一般由测试组长负责，当然也可以由组员完成。本次测试服务器搭建的流程如图 6-1 所示。

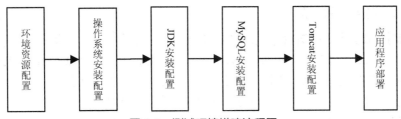

图 6-1 测试环境搭建流程图

其他的测试环境搭建也是类似的流程方法，测试工程师根据实际情况调整内容即可。

为了便于读者学习整个 Web 项目测试过程，本书列出 OA 系统环境搭建的完整过程。

6.1.1 测试环境配置要求

用户需求规格说明书中定义了软件系统的硬件与软件运行环境。硬件部分详细列出硬件型号，如 CPU、内存、硬盘、网卡等硬件设备的型号，同时对机型也有一定的要求。一般大型的项目都采用专业的服务器，如 IBM、Dell、HP 等厂商生产的高品质的专业服务器，配置强劲，也有些项目采用普通的 PC。

相对来说，专业服务器各方面指标都要比普通的 PC 好得多，不过价格也贵了很多。软件部分则会详细列出支撑本软件系统运行的软件环境，如操作系统（OS）、Web 服务器、编译器、中间件、数据库等。同样需要列出版本型号。软件项目开发中，版本之间的差异很可能导致软件的失效，所以必须指明与软件系统运行相关的所有硬件、软件版本。

1. 测试服务器硬件需求

硬件信息获取相对来说要容易些。一般情况下，可以根据用户需求规格说明书获得，或者根据开发人员提供的文档描述中获得。硬件之间的差别不是很大，其带来的版本间的影响也是比较小的，只需在通用的硬件平台上进行测试即可。

【案例 6-1　OA 系统测试服务器硬件需求列表】

本软件运行的测试服务器硬件需求如表 6-1 所示。

表 6-1　OA 系统测试服务器硬件需求列表

主机用途	机型	台数	CPU/台	内存容量/台	硬盘	网卡
Web 应用服务器	PC	1	I7	8 GB	SATA 1 TB	1 000 Mbps
数据库服务器	PC	1	I7	8 GB	SATA 1 TB	1 000 Mbps

注：数据库服务器与 Web 服务器共用一台机器。

从表 6-1 得知，实际测试过程中需要详细了解被测系统的硬件配置，这一点在做功能测试的时候，其必要性体现不出，但在性能测试时往往起到决定性的作用。所以，一定要弄清楚被测系统所需的硬件平台配置。

实际工作中，测试服务器的详细配置信息往往被忽略，有时仅仅概要地列出服务器的配置，比如 CPU、内存、硬盘、网卡等。作为测试工程师，应该本着实事求是的态度，弄清楚每一个硬件配置。即使其他部门未能给出详细的配置，测试工程师也必须弄清楚。每一种测试结果都是在特定的环境下出现的，什么样的配置下软件系统出现什么样的表现，测试工程师需要关注，并可能体现在最终测试报告中。

2. 测试服务器软件需求

与硬件需求相比，软件需求要复杂得多。软件的类别太广泛，版本也很多。例如，Windows 产品系列就有 Windows XP、Windows Server 2008、Windows 7、Windows Server 2012、Windows 10 等，还不包括某些过渡产品，同系列的还有版本之分。被测软件在这些操作系统上的表现可能有很大的差别，可能存在兼容性问题。现今 B/S 结构软件盛行的时代，兼容性尤为突出。现在有很多浏览器，如 Internet Explorer、遨游（Maxthon）、火狐（FireFox）、Chrome 等。每种浏览器都有一定的用户群体，测试工程师实施测试活动时，如果没有明确的需求主体，那么这些浏览器的常规版本都需要进行兼容性测试。搭建测试环境的时候，就必须指明当前系统运行所必需的软件版本。

【案例 6-2　OA 系统测试服务器软件需求列表】

本软件运行的测试服务器软件需求如表 6-2 所示。

表 6-2　OA 系统测试服务器软件需求列表

名　　称	用　　途	版本号
Tomcat	Web 服务器	5.5.25 安装版
JDK	JAVA 编译器	1_5_0_08-windows-i586-p
MySQL	数据库	5.0.18
Windows Server 2008 Enterprise Edition	系统平台	R2 简体中文版

从表 6-2 得知本系统所需的软件版本，测试工程师在搭建环境前需准备这些版本的软件。

一般情况下，可向开发人员索取。如果公司中有正式的配置管理，或者有相应的质量管理规范，则需根据相应的流程去索取。

上面仅仅介绍了测试服务器的配置，实际上还应该有测试客户端的配置。不过很多时候不考虑这些，除非有特殊的说明，如果软件中可能需要使用第三方插件，才需根据实际需要配置相应的环境。

根据上述硬件、软件方面的配置要求，准备好资源，可开展测试环境搭建工作。

6.1.2　硬件采购安装

硬件需求的配置很简单，只需要根据测试服务器硬件需求列表，向公司里负责硬件资源管理的部门或者人员申请即可。管理流程比较完善的公司可能会有环境保障部门，由专人负责公司硬件资源的管理与维护，也可能由质量保证部门负责这方面的事情。如果公司有现成的，则直接分配；如果没有，可提交采购计划进行采购。

6.1.3　操作系统安装

测试服务器硬件资源到位后，测试工程师着手操作系统安装。

通常在普通的 PC 上安装操作系统确实比较简单，按照常规的方式安装即可，但在另外一种方式下，可能比较麻烦。有些时候，根据资源的分配，可能需要在虚拟机，如 VMware Workstation 上安装相应的系统。至于为什么需要用虚拟机，这里简单介绍一下。有些公司的服务器配置是比较强劲的，如果一个很强的机器仅让它发挥部分的效能，性价比不高，多数情况下一机多用，一台服务器上安装一个宿主系统，然后利用虚拟机工具模拟多个系统环境，测试人员在这些虚拟系统上开展工作。虚拟机上安装系统时，需要考虑的是硬盘容量的大小及型号、网络的连接方式等。很多时候，默认的方式不一定行，比如在某些主板上，使用 SCSI 方式模拟硬盘就会导致失败，必须使用自定义的 IDE 模式。在安装过程中，尽量模拟真实的测试环境，但也需考虑实际的硬件配置。至于虚拟机的用法，这里不多介绍，读者可自行查阅相关资料学习。

还有一种比较常见的操作系统是 Linux 或者 UNIX 系统。很多测试工程师对 Linux/UNIX 系统安装配置并不熟悉，则需测试工程师进行学习。

如何在 VMware 虚拟机中安装 Windows Server 2012 系统，这里不做赘述，读者可自行搜索安装方法。

操作系统安装好后，需做以下几个方面的配置。

1．修改主机名

操作系统默认安装后的主机名是随机生成的，不利于后续应用，因此系统安装完成后第一件事即是修改主机名，将其改为容易识别的名称，一般以服务器的用途来定，如 OAServer、ALMServer、CMSDBServer 等。

2．修改网络连接方式

默认网络连接方式是 DHCP，自动分配 IP，修改为静态分配 IP，避免后续提供服务过程中网络不稳定。

3．关闭防火墙

关闭防火墙的目的是测试过程中便于客户端访问，避免因防火墙导致不能访问。真实应用则需开启系统防火墙。

4. 关闭自动更新

为了减少服务器的变动，关闭系统自动更新。

6.1.4　JDK 安装与配置

根据图 6-1 所示的流程图，操作系统安装完成后，开始 JDK 安装。

JDK 安装配置主要有三步：JDK 软件安装、环境变量配置、验证 JDK 配置。

1. JDK 软件安装

按照 OA 系统运行的 JDK 软件版本要求，本次采用 jdk-1_5_0_08-windows-i586-p 版本进行 JDK 安装与配置。

> **注意：** 因案例项目测试环境运行需求，JDK 版本不可能太高，采用 1.5 左右的版本即可。

（1）单击 jdk-1_5_0_08-windows-i586-p.exe，出现图 6-2 所示的界面。

图 6-2　JDK 安装解压

（2）初始化安装程序完成后出现图 6-3 所示的界面，选择"我接受该许可证协议中的条款"，同意安装条款，单击【下一步】按钮，进入下一安装界面。

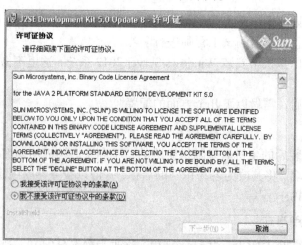

图 6-3　安装许可证选择

（3）在图 6-4 所示的界面中单击【更改】按钮，更改 JDK 的安装路径，如图 6-5 所示，最好放在 C 盘根目录下，修改完成后，单击【确定】按钮，返回图 6-4 所示的界面。

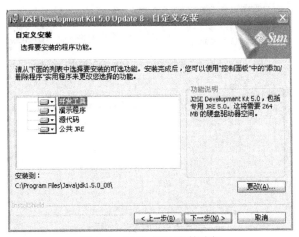

图 6-4　设置 JDK 安装路径

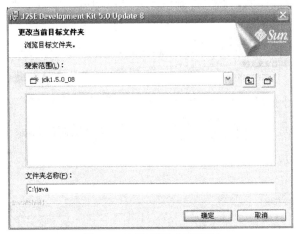

图 6-5　更改默认安装路径

（4）设置好安装路径后单击【下一步】按钮，如图 6-6 所示。

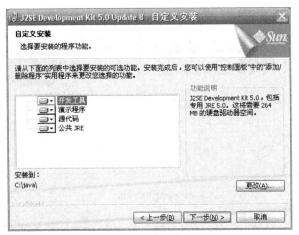

图 6-6　更改安装路径后的效果

（5）安装界面如图 6-7 所示。

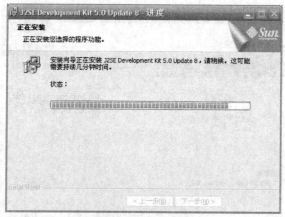

图 6-7　JDK 安装界面

（6）自定义安装语言环境，这里不做修改，默认即可，单击【下一步】按钮，如图 6-8 所示。

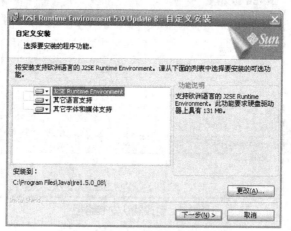

图 6-8　设置语言环境文件安装路径

（7）浏览器注册，默认即可，单击【下一步】按钮，如图 6-9 所示。

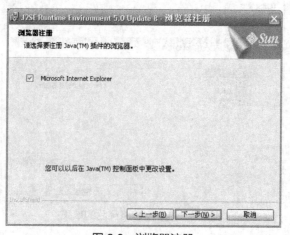

图 6-9　浏览器注册

（8）安装过程如图 6-10 所示。

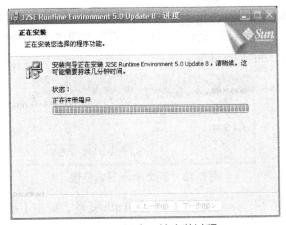

图 6-10 语言环境安装过程

（9）安装完成，如图 6-11 所示，单击【完成】按钮即可。

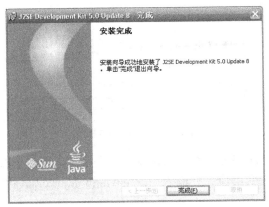

图 6-11 JDK 安装完成

2．JDK 环境变量配置

正确安装 JDK 后，需对其进行环境变量设置。

（1）单击"计算机"→"属性"→"高级"→"环境变量"命令，出现图 6-12 所示的对话框。

图 6-12 环境变量列表

（2）设置 JAVA_HOME 变量，在"系统变量"中单击【新建】按钮，在"变量名"处输入"JAVA_HOME"，在"变量值"处输入"C:\java"，如图 6-13 所示，单击【确定】按钮。这里的变量值就是 JDK 实际安装目录。

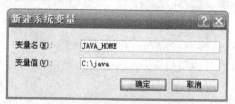

图 6-13 新建 Java 环境变量

（3）添加 Path 路径，在"系统变量"中找到 Path 变量，单击【编辑】按钮，在变量值的最前面添加"C:\java\bin;"，如图 6-14 所示。

注意：不是删除里面的变量值，而是在原有值的前面添加"C:\java\bin;"，并且 bin 后面一定要加";"分割变量值。

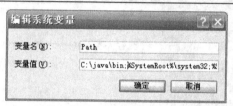

图 6-14 设置 Path 变量

（4）添加 CLASSPATH 路径，在"系统变量"中单击【新建】按钮，在"变量名"处输入"CLASSPATH"，在"变量值"处输入".;c:\java\lib\dt.jar;c:\java\lib\tools.jar;"，如图 6-15 所示，单击【确定】按钮。

注意：变量值中的".;"千万不能少。如果系统中已经存在 CLASSPATH 变量，只需在变量值前添加".;c:\java\lib\dt.jar;c:\java\lib\tools.jar;"即可。

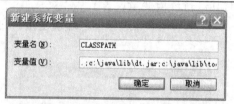

图 6-15 创建 CLASSPATH 环境变量

（5）全部确定，注销系统，使变量配置生效。

3. 验证 JDK 配置

（1）在"开始"中打开"运行"，或者按 Windows 徽标+R 键，打开"运行"对话框。输入"cmd"，进入命令行，如图 6-16 所示。

图 6-16 进入命令符窗口

（2）进到 C 盘根目录，输入"java -version"或者"javac"，出现相关的版本信息或者帮助信息，即表示安装成功，如图 6-17 所示。

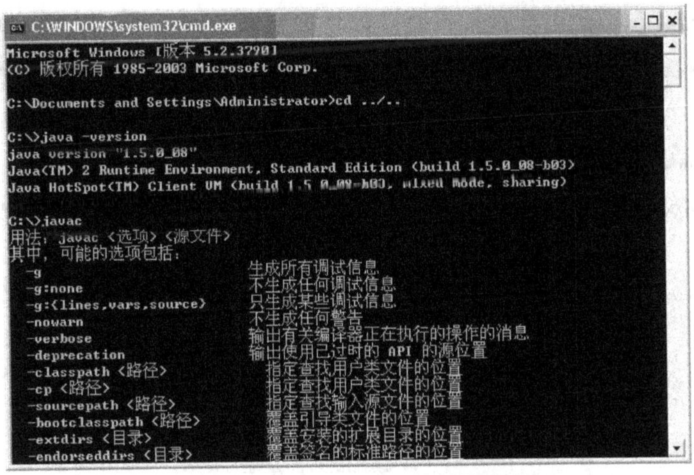

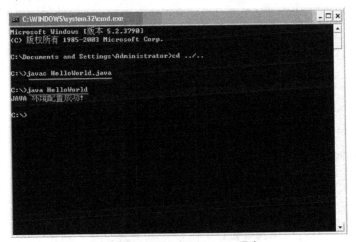

图 6-17　检查 Java 是否安装成功

（3）编译一个简单的程序检查。打开记事本，输入下列代码：

```
public class HelloWorld {
    public static void main(String args[])
        {
            System.out.println("JAVA 环境配置成功!") ;
        }
}
```

保存名为"HelloWorld.java"，放在 C 盘根目录下。

（4）进入 dos 命令窗口，输入下面的命令，如图 6-18 所示。

图 6-18　编译及运行 Java 程序

　　如果输出"JAVA 环境配置成功!"，则表示 JDK 安装配置成功，否则请检查整个 JDK 安装配置步骤。

6.1.5　MySQL 安装与配置

　　搭建带有数据库的测试环境时，需要弄清楚一件非常重要的事：数据库数据生成方式。对于数据生成文件，开发工程师肯定会提供，提取测试版本后，需按照测试版本的文件清单列表仔细核对，检查相关的软件系统配置文件是否齐备，如配置文件、数据库生成文件等，缺一不可。对于本系统，使用 SQL 导入方式生成相应数据库文件。首先进行 MySQL 数据库的安装配置过程，然后再导入 SQL 文件，生成数据库内容。

1．MySQL 数据库的安装配置

（1）双击"MySQL-5.0.18.exe"图标，单击图 6-19 所示的界面中的【Next】按钮。

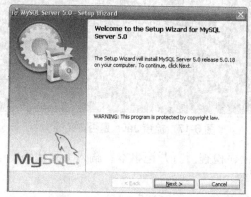

图 6-19　MySQL 准备安装

（2）选择"Custom"选项，如图 6-20 所示，单击【Next】按钮。

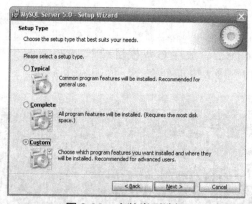

图 6-20　安装类型选择

（3）单击【Change...】按钮，修改安装路径，如图 6-21 所示。

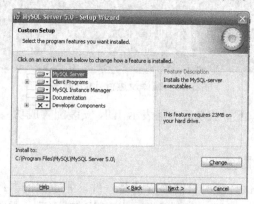

图 6-21　安装路径设置

（4）修改安装路径，建议修改为某系统盘的根目录，便于管理，例如，此处设置为
"C:\mysql"，设置完成后单击【OK】按钮，如图 6-22 所示。

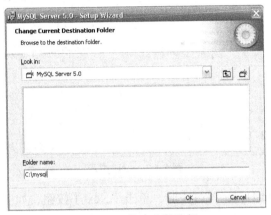

图 6-22　修改安装路径

（5）修改好 MySQL 安装路径后，单击【Next】按钮，如图 6-23 所示。

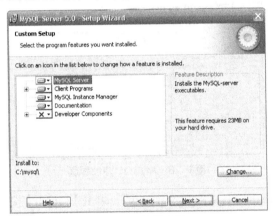

图 6-23　继续安装

（6）单击【Install】按钮，执行安装，如图 6-24 所示。

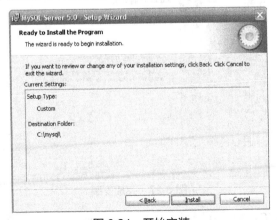

图 6-24　开始安装

（7）安装进行中，如图 6-25 所示。

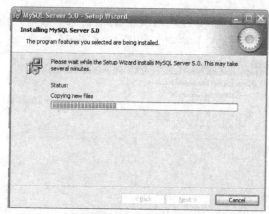

图 6-25　安装进程

（8）选择"Skip Sign-Up"，跳过注册，单击【Next】按钮，如图 6-26 所示。

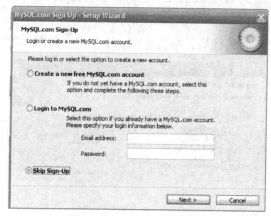

图 6-26　MySQL 注册界面

（9）勾选"Configure the MySQL Server now"，单击【Finish】按钮，进入 MySQL 配置界面，如图 6-27 所示。

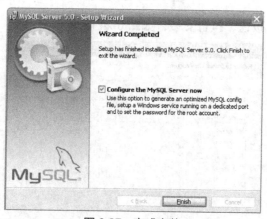

图 6-27　完成安装

（10）该界面是 MySQL 配置欢迎界面，单击【Next】按钮，如图 6-28 所示。

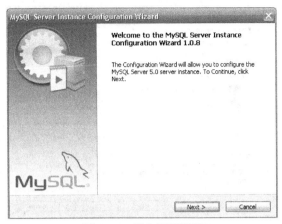

图 6-28　进入配置界面

（11）如图 6-29 所示，选择 "Standard Configuration"（标准配置），单击【Next】按钮。

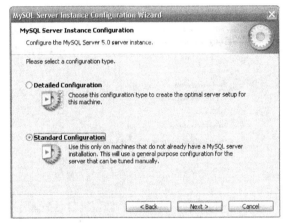

图 6-29　选择配置类型

（12）勾选所有选项，按图 6-30 所示设置，单击【Next】按钮。

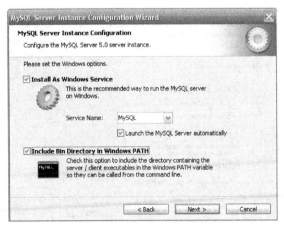

图 6-30　配置 MySQL 界面

（13）如图 6-31 所示，勾选所有项，并设置 root 用户密码，单击【Next】按钮。

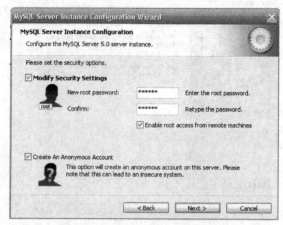

图 6-31　设置 MySQL 账号信息

（14）单击【Execute】按钮，执行配置，如图 6-32 所示。

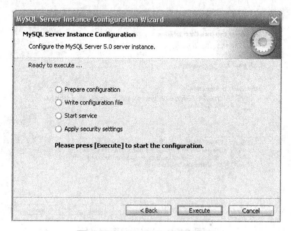

图 6-32　MySQL 配置界面

（15）单击【Finish】按钮，完成 MySQL 的安装与配置，如图 6-33 所示。

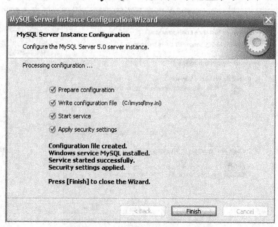

图 6-33　MySQL 安装完成

（16）打开命令提示符，进入 MySQL 的 bin 目录，如图 6-34 所示。

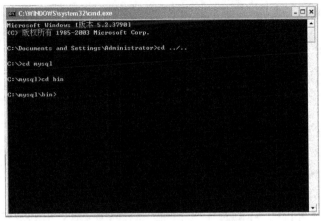

图 6-34　进入 MySQL bin 目录

（17）登录 MySQL，输入 "mysql –u root –p"，此命令的意思是以 root 登录，并要求输入密码，输入密码后，界面如图 6-35 所示。

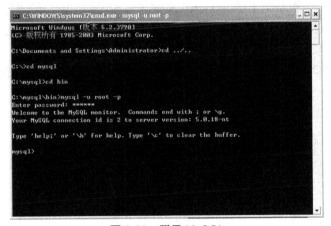

图 6-35　登录 MySQL

2. 数据文件导入

MySQL 安装配置完成后，导入 OA 系统的数据库创建文件。

本系统采用 SQL 文件导入方式创造 OA 系统数据库数据。既然用到这样的方法，就需要测试工程师掌握相关的数据库的知识。测试工程师与开发工程师不一样，测试工程师需要面对众多的业务环境、软硬件环境，知识面要相当广泛。对于数据库同样有此要求。常用的数据库有 MySQL、SQL Server、Oracle、Sybase、DB2 等。每种数据库都有相应的数据生成方式，如 SQL 导入、备份还原、数据库附加等。其中备份还原与数据库附加这两种方式这里不说了，不了解的读者可以查找相应的资料。

下面介绍 MySQL 的两种 SQL 文件导入方法：命令行导入、Navicat 客户端工具导入。

（1）命令行导入 SQL 文件

服务器端进入命令行窗口。使用 "root" 账号、密码 "123456"（根据真实密码输入，MySQL 安装时设定的密码），登录到 MySQL 中。

```
1. 进入 C 盘根目录
C:\Documents and Settings\Administrator>cd\
```

2. 进入 MySQL 目录

```
C:\>cd mysql
```

3. 进入 MySQL 中的 bin 目录

```
C:\mysql>cd bin
```

4. 使用 root 账号登录，并要求输入密码

```
C:\mysql\bin>mysql -u root -p
Enter password: ******
```

5. 成功登录到 MySQL

```
Welcome to the MySQL monitor.  Commands end with ; or \g.
Your MySQL connection id is 2 to server version: 5.0.18-nt
Type 'help;' or '\h' for help. Type '\c' to clear the buffer.
mysql>
```

成功登录到 MySQL 后，即可在命令窗口中输入相应的导入命令完成导入，命令如下：

```
source c:\xxxx.sql
```

上述命令是将 C 盘根目录下的 xxxx.sql 文件导入 MySQL 中。需要注意的是，在导入之前，最好将相应的数据库 SQL 文件放在某个盘的根目录下，这样使用起来比较方便。

（2）Navicat 导入 SQL 文件

Navicat 是 MySQL 的一个第三方连接工具，具有优秀的操作界面，便于用户对 MySQL 进行管理。

① 打开 Navicat，创建连接，如图 6-36 所示。

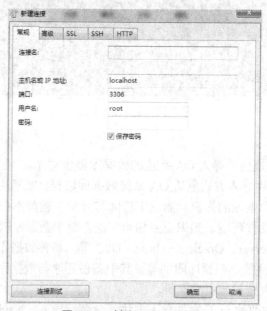

图 6-36　创建 MySQL 连接

连接名：连接数据库的标识名，一般通过数据库作用命名，如此处可设为"oadb"。

主机名或 IP 地址：通常设置为 MySQL 数据库所在的网络 IP 地址。

端口：默认为 3306。

用户名：一般为 root。

密码：MySQL 安装时设置的密码。

② 设置完成后单击【连接测试】按钮，验证是否可以连通，没有问题后单击【确定】按钮，如图 6-37 所示。

图 6-37　MySQL 数据库连接成功

③ 单击数据库连接名，如此处的"oadb"，单击鼠标右键，在弹出的快捷菜单中选择"运行 SQL 文件"命令，出现图 6-38 所示的界面。

图 6-38　运行 SQL 文件窗口

④ 在文件选择窗口中选择待运行的 SQL 文件，单击【开始】按钮即可。导入成功后如图 6-39 所示。

利用 SQL 导入数据库文件时需注意数据库平台是否有对应名称的数据库，如果没有，SQL 文件中也没有定义的话，直接导入可能会出现图 6-40 所示的错误。因此，在导入前需提前判断，如有必要，可手动创建一个空的数据库。

根据 OA 系统测试服务器环境搭建单中提供的信息，数据库文件位于 oa\setup 目录下，文件名分别为 redmoonoa.sql 与 cwbbs.sql，将其复制到 D 盘根目录下，然后进入命令行窗口，登录到 MySQL 中，进行 OA 系统数据库的创建，具体过程如以下代码所示。

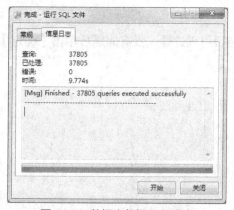

图 6-39　数据库数据导入成功　　　　　　　　图 6-40　数据库导入失败

```
C:\Documents and Settings\Administrator>cd\
C:\>cd mysql
C:\mysql>cd bin
C:\mysql\bin> mysql -u root -p --default-character=utf8
Enter password: ******
Welcome to the MySQL monitor.  Commands end with ; or \g.
Your MySQL connection id is 2 to server version: 5.0.18-nt
Type 'help;' or '\h' for help. Type '\c' to clear the buffer.
mysql> source d:\redmoonoa.sql
```

回车后，MySQL 将自动开始数据表的创建。使用同样的导入方法创建 bbs 的数据库内容。如果过程中存在错误，请仔细核对相关步骤。

6.1.6　Tomcat 安装与配置

前面完成了 JDK、MySQL 的安装与配置，现在要进行的是 Web 服务器安装与配置。Tomcat 的安装与配置比较简单，基本可以分为两步：Tomcat 安装、Tomcat 验证。

1. Tomcat 安装

（1）单击 apache-tomcat-5.5.25.exe，出现图 6-41 所示的界面，单击【Next】按钮。

图 6-41　Tomcat 安装界面

（2）单击【I Agree】按钮，如图 6-42 所示。

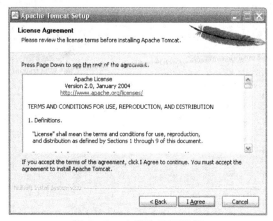

图 6-42　安装许可证选择

（3）勾选 Examples、Webapps 两项，单击【Next】按钮，如图 6-43 所示。

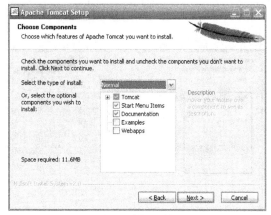

图 6-43　选择安装组件

（4）图 6-44 所示为修改安装路径的设置，此处可改为 C:\tomcat。Tomcat 路径修改不是必需的操作，但安装路径修改为根目录将便于管理，修改完成后单击【Next】按钮，执行后续操作。

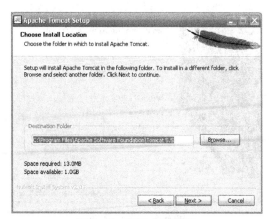

图 6-44　更改安装路径

（5）图 6-45 所示的界面提供的功能是为 Tomcat 创建一个管理员用户与密码，默认设置，不做修改，单击【Next】按钮。

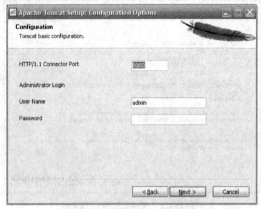

图 6-45　配置 Tomcat 管理员

（6）选择 Java 虚拟机（JVM），这里选择 JDK 安装路径，如图 6-46 所示，完成后单击【Install】按钮。

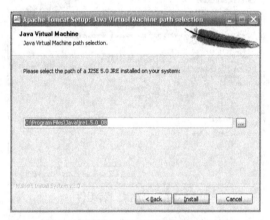

图 6-46　设置 JVM 路径

（7）在图 6-47 所示的界面中取消两处勾选，单击【Finish】按钮，安装完成。

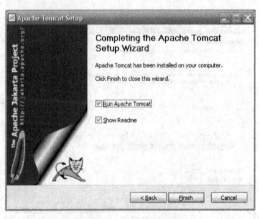

图 6-47　安装完成

Tomcat 安装完成后，会在系统服务中添加一个名为"Apache Tomcat"的服务，启动类型为"手动"，刚才安装的时候不选择"Run Apache Tomcat"，是因为将用命令窗口方式启动。

2．Tomcat 验证

Tomcat 安装完成后，使用命令窗口的方式启动 Tomcat。

（1）启动 Tomcat

进入 C:\tomcat\bin（Tomcat 实际存放路径下的 bin 目录），将 tomcat5.exe 创建桌面快捷方式，回到桌面，双击 tomcat5.exe，出现图 6-48 所示的界面。

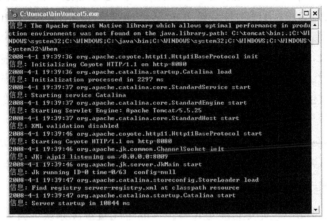

图 6-48　Tomcat 服务启动界面

图 6-48 所示的界面表示 Tomcat 正常启动了。

（2）验证 Tomcat

打开 IE，输入 http://localhost:8080，出现图 6-49 所示的界面，表示安装成功。

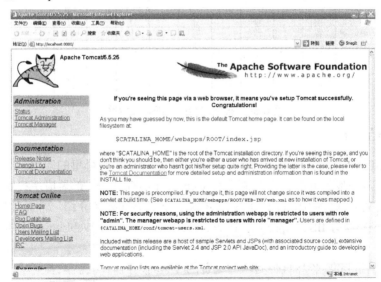

图 6-49　Tomcat 默认网站首页

使用 JSP 程序验证。打开记事本，输入下列代码。

```
<%@ page contentType="text/html; charset=GBK" %>
```

```
<%
String Str="Windows 下配置 JSP 运行环境成功！";
out.print("秋秋霏霏！");
%>
<h2><%=Str%></h2>
```

保存名为 test.jsp，存放在 C:\tomcat\webapps\test 目录下，这里的 C:\tomcat\webapps\是 Tomcat 安装后自动生成的目录。test 是新建的文件夹，用于存放测试程序。

打开 IE，输入 "http://localhost:8080/test/test.jsp"，按【Enter】键，如果出现 "秋秋霏霏！ Windows 下配置 JSP 运行环境成功！"，则表示 Tomcat 安装成功，并能解析 JSP 程序。

如果没出现，则表示 Tomcat 并未安装成功，需仔细检查每个操作步骤。

到这里已经完成 JDK、MySQL、Tomcat 等相关软件的安装与配置。很多项目都采用这样的流程进行环境搭建，当然在这个过程中可能有些细微的差别，只需要按照对应的搭建说明或者开发工程师提供的配置说明搭建即可。学习测试环境搭建，熟悉相关软件使用方法的过程中，可以从一些源代码网站上下载一些源代码，自己练习环境的搭建。这样既可以增加业务知识，也可以提高解决实际问题的能力。因为网上很多源代码都没有给出详细的搭建说明，需要自己花时间去研究，查资料解决搭建过程中的问题。

6.1.7 被测应用程序部署

JDK、MySQL、Tomcat 安装配置完成后，可部署配置被测系统。开始部署前，需要弄清楚本系统有哪些特殊的设置，比如需不需要连接数据库，哪个文件是连接数据库的；需不需要设置日志路径，哪个文件又是设置日志路径的；需不需要第三方插件，又如何安装第三方插件等。只有弄清楚与被测系统相关的信息，才能成功部署与配置被测系统。部署被测系统一般的流程如图 6-50 所示。

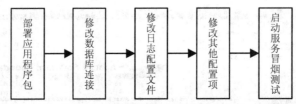

图 6-50 被测应用服务部署流程图

1. 部署应用程序包

搭建 Web 测试环境时，经常会碰到不知道将应用程序放到哪里的问题。对于测试初学者而言，这些是非常头疼的问题。那么常用的 Web 服务器有哪些？部署应用程序时，又将应用程序包（也就是被测软件的源代码）放在哪里呢？下面做简要的介绍，希望对初学者有帮助。

常用 Web 服务器有 IIS、Apache、Tomcat、JBoss、Resin、WebLogic、WebSphere 等。

（1）IIS

IIS 服务是 Windows 产品自带的一种免费的 Web 服务器，安装配置简单，主要解析的是 ASP 程序代码。对于小型的、利用 ASP 编程的项目，可以采用其作为 Web 服务器。一般可以跟 Apache 整合起来使用。这种服务在配置过程中需要注意权限的问题。

（2）Apache

世界排名第一、免费开源的 Web 服务器软件，可以安装运行在绝大多数的计算机平台上，支持大多数语言开发的 B/S 结构软件。一般情况下，Apache 与其他的 Web 服务器整合使用，功能非常强大，尤其在静态页面处理速度上表现优异。

（3）Tomcat

Tomcat 是 Apache 下的一个核心子项目，是目前使用量最大的免费的 JAVA 服务器，主要处理的是 JSP 页面和 Servlet 文件。Tomcat 常常与 Apache 整合起来使用，Apache 处理静态页面，比如 HTML 页面，而 Tomcat 负责编译处理 JSP 页面与 Servlet。在静态页面处理能力上，Tomcat 不如 Apache。由于 Tomcat 是开源免费、功能强大易用的，很多 JAVA 的初学者都喜欢用它。当然，也有不少中小企业用其与 Apache 整合做 Web 服务器。熟练掌握 Tomcat 的使用是非常有必要的。可以这么说，熟练安装配置 Tomcat 是软件测试工程师的必备技能。

（4）JBoss

JBoss 是 Red Hat 的产品（Red Hat 于 2006 年收购了 JBoss）。与 Tomcat 相比，JBoss 要专业些。JBoss 是一个管理 EJB 的容器和服务器，支持 EJB 1.1、EJB 2.0 和 EJB 3.0 的规范，本身不支持 JSP/Servlet，需要与 Tomcat 集成才行。一般下载的都是这两个服务器的集成版。与 Tomcat 一样，JBoss 也是开源免费的。JBoss 在性能上的表现相对于单个 Tomcat 要好些。当然并非是绝对的，因为 Tomcat 做成集群，威力不容忽视。JBoss 没有图形界面，也不需要安装，下载后解压，配置好环境变量后即可使用。

（5）Resin

Resin 是 Caucho 公司的产品，它也是一个常用的、支持 JSP/Servlet 的引擎，速度非常快，不仅表现在动态内容的处理上，还包括静态页面的处理。Tomcat、JBoss 在静态页面上的处理能力明显不足，一般都需要跟 Apache 进行整合使用。而 Resin 可以单独使用，当然 Resin 也可以与 Apache、IIS 整合使用。

（6）WebLogic

WebLogic 是 BEA 的产品，用于开发、集成、部署和管理大型分布式 Web 应用、网络应用和数据库应用的 Java 应用服务器。将 Java 的动态功能和 Java Enterprise 标准的安全性引入大型网络应用的开发、集成、部署和管理之中。与前面的几种小型 Web 服务器相比，它更具专业性，但安装配置也更为复杂。WebLogic 是一个商业的软件，使用是收费的，费用比较高。

（7）WebSphere

WebSphere 是 IBM 的产品，是因特网的基础架构软件，也就是通常所说的中间件。它使企业能够开发、部署和集成新一代电子商务应用（如 B2B 的电子交易），并且支持从简单的 Web 发布到企业级事务处理的商务应用。它比 WebLogic 更专业，当然价格也更贵，一般部署在 IBM 专业的服务器上。

了解 Web 服务器相关知识后，现在开始部署 OA 系统应用程序包。

复制 OA 系统的程序包，粘贴到 Tomcat 安装目录的 webapps 下，如图 6-51 所示。

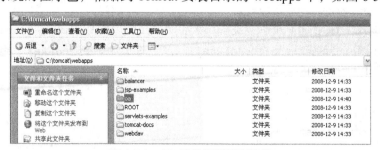

图 6-51　OA 系统部署目录路径

注意： 在 OA 系统文件夹下最好不要再嵌套目录，否则访问的时候需要添加对应的目录。

---

2. 修改数据库连接

放置好被测系统程序包，需根据实际情况进行数据库连接文件的修改。OA 系统使用 MySQL 数据库，环境搭建时，一般情况下都需要更改数据库连接文件。实际项目中，开发工程师会指明哪个是数据库连接配置文件，这一点测试工程师不用担心。以 OA 系统为例，开发工程师必须在 OA 系统测试服务器搭建单中指明数据库的连接文件名称及存放目录路径。根据描述，本系统的数据库连接文件存放在 OA 系统项目应用程序包下的 WEB-INF 目录下，名称为 proxool.xml，其内容如下。

```xml
<?xml version="1.0" encoding="iso-8859-1"?>
<!-- the proxool configuration can be embedded within your own application's.
Anything outside the "proxool" tag is ignored. -->
<something-else-entirely>
    <proxool>
        <alias>oa</alias>
<driver-url>jdbc:mysql://localhost:3306/redmoonoa?useUnicode=true&amp;characterEncoding=UTF-8&amp;zeroDateTimeBehavior=convertToNull</driver-url>
        <driver-class>com.mysql.jdbc.Driver</driver-class>
        <driver-properties>
            <property name="user" value="root" />
            <property name="password" value="123456" />
        </driver-properties>
        <maximum-connection-count>200</maximum-connection-count>
        <house-keeping-test-sql>select 1</house-keeping-test-sql>
    </proxool>
    <proxool>
        <alias>mzj</alias>
<driver-url>jdbc:mysql://localhost:3306/redmoonoa?useUnicode=true&amp;characterEncoding=UTF-8&amp;zeroDateTimeBehavior=convertToNull</driver-url>
        <driver-class>com.mysql.jdbc.Driver</driver-class>
        <driver-properties>
            <property name="user" value="root" />
            <property name="password" value="123456" />
        </driver-properties>
        <maximum-connection-count>200</maximum-connection-count>
        <house-keeping-test-sql>select 1</house-keeping-test-sql>
    </proxool>
</something-else-entirely>
```

其中这段代码：

```xml
<driver-properties>
        <property name="user" value="root" />
```

```
            <property name="password" value="123456" />
</driver-properties>
```

这是设置 MySQL 的用户名、密码，比如此处的用户名"root"，密码"123456"，可以根据实际情况修改。

其中的另外一段代码：

```
jdbc:mysql://localhost:3306
```

这是设置 MySQL 数据库路径的位置。此处使用的是本地 MySQL 数据库，故此处默认即可，无需修改。当然，也可以根据实际情况进行修改。proxool 数据库连接文件中其他的部分，不了解的读者可以暂时不用管，因为搭建环境过程中所需关注的地方也就是上面两点。

注意： 编辑一些配置文件时可以用 EditPlus 编辑器。使用记事本或者写字板往往会引起乱码问题，从而导致系统无法正常运行。

---

3. 修改日志配置文件

除了上述测试环境搭建中必需的几个步骤之外，被测系统往往还有一些额外的配置要求。比如，系统中有可能需要设定相应的日志路径，或者假如系统用到第三方控件、加密软件等，可能还需进行这些插件、软件的安装与配置等。所以，测试工程师需要根据实际情况进行相关的配置。在 OA 系统中，需要设置系统日志的存放路径以及缓存的路径。

下面进行此类配置的修改。OA 系统测试服务器搭建单中指明了日志配置文件的存放路径在 OA 系统项目应用程序包下的 WEB-INF 目录下，名称为 log4j.properties，以及缓存设置的配置文件在 OA 系统项目应用程序包下的 WEB-INF 目录中的 classes 下，名称为 cache.ccf。首先打开 log4j.properties，其内容如下。

```
#
#Mon Aug 04 23:40:20 CST 2008
log4j.appender.A1.layout.ConversionPattern=%-d{yyyy-MM-dd HH:mm:ss}
[%c]- [%p] %m%n
log4j.appender.R.File=C:/tomcat/webapps/oa/log/oa.log
log4j.rootLogger=info, R
log4j.appender.R.MaxFileSize=100KB
log4j.appender.R.layout=org.apache.log4j.PatternLayout
log4j.appender.R.MaxBackupIndex=8
log4j.appender.R.layout.ConversionPattern=%p %t %c - %m%n
log4j.appender.A1.layout=org.apache.log4j.PatternLayout
log4j.appender.A1=org.apache.log4j.ConsoleAppender
log4j.appender.R=org.apache.log4j.RollingFileAppender
```

其中这段代码：

```
log4j.appender.R.File=C:/tomcat/webapps/oa/log/oa.log
```

这是设置相应的日志文件的路径。一定要将此设为与 OA 系统应用程序包中 log 日志文件包所在的路径一致，否则在系统初始化时就可能报错。

4. 修改其他配置项

设置好日志文件后，再来设置缓存文件。

打开 WEB-INF\classes 下的 cache.ccf，其内容如下。

```
#
#Mon Aug 04 23:40:20 CST 2008
jcs.default.elementattributes.IsLateral=true
jcs.region.RMCache.elementattributes.IsLateral=true
jcs.auxiliary.DC.attributes.DiskPath=C:/tomcat/webapps/oa/CacheTemp
jcs.auxiliary.DC.attributes.MaxRecycleBinSize=7500
jcs.region.RMCache.elementattributes.MaxLifeSeconds=7200
jcs.region.RMCache.elementattributes.IdleTime=1800
jcs.region.RMCache.cacheattributes=org.apache.jcs.engine.Composite
CacheAttributes
jcs.auxiliary.DC.attributes.OptimizeAtRemoveCount=300000
jcs.auxiliary.DC.attributes.MaxKeySize=10000
jcs.region.RMCache.elementattributes.IsRemote=true
jcs.default.cacheattributes.MaxObjects=1000
jcs.default.cacheattributes=org.apache.jcs.engine.CompositeCacheAttributes
jcs.default.elementattributes.IsEternal=false
jcs.auxiliary.DC.attributes=org.apache.jcs.auxiliary.disk.indexed.Indexed
DiskCacheAttributes
jcs.region.RMCache.elementattributes.IsEternal=false
jcs.default.elementattributes.MaxLifeSeconds=3600
jcs.region.RMCache.cacheattributes.MemoryCacheName=org.apache.jcs.engine.
memory.lru.LRUMemoryCache
jcs.auxiliary.DC.attributes.MaxPurgatorySize=10000
jcs.region.RMCache.elementattributes.IsSpool=true
jcs.default.elementattributes.IdleTime=1800
jcs.region.RMCache=DC
jcs.region.RMCache.cacheattributes.MaxObjects=1200
jcs.auxiliary.DC=org.apache.jcs.auxiliary.disk.indexed.IndexedDisk
CacheFactory
jcs.default.elementattributes.IsRemote=true
jcs.default.elementattributes.IsSpool=true
jcs.default.cacheattributes.MemoryCacheName=org.apache.jcs.engine.memory.
lru.LRUMemoryCache
jcs.default=DC
```

其中这段代码：

```
jcs.auxiliary.DC.attributes.DiskPath=C:/tomcat/webapps/oa/CacheTemp
```

这是设置缓存目录的地方。需要注意的是，此处的路径一定要与实际的 OA 系统应用程序包路径相对应，否则启动 Tomcat 服务器时，控制平台上会报告错误，无法正常使用。

以上所有的步骤完成后，可启动 Tomcat 服务器，进行服务访问。上面的例子只是介绍了如何搭建 OA 系统测试服务器。实际工作中，可以利用同样的流程进行测试环境的搭建。需要注意的是，在搭建过程中，千万要细心，因为在这个过程中，一个很小的疏忽就可能导致环境搭建不成功。努力一次性将事情做好，提高工作效率。

5．启动服务与冒烟测试

测试服务器配置完成后，启动 Tomcat 服务器运行服务。Tomcat 服务器的启动方法非常简单，如果使用.exe 安装包的 Tomcat，可访问 Tomcat 安装目录 bin 目录下的 tomcat5.exe，启动服务器。成功启动服务的 Dos 命令窗口如图 6-52 所示。

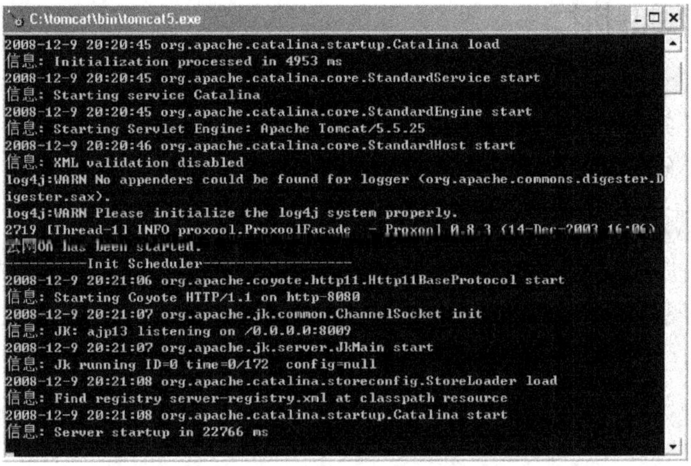

图 6-52　Tomcat 服务成功启动界面

如果是压缩包格式的 Tomcat，解压后进行简单的配置也可作为服务器使用。这样的 Tomcat，启动文件一般放在 Tomcat 包中 bin 目录下，名称为 startup.bat，双击打开即可。

除此之外，其他常见的 Web 服务器启动方式都比较简单，这里不多赘述。

Tomcat 正常启动后，在浏览器中输入 http://localhost:8080/oa/setup，进行相关配置后即可访问 OA 系统。该系统的使用界面如图 6-53 所示。

图 6-53　OA 系统使用界面

服务启动后，需要进行简单的冒烟测试。冒烟测试就是启动服务后，对被测试系统进行快速的测试，主要检查被测系统核心、优先级较高的业务能否正常使用。如果核心、优先级较高的业务无法正常运行，应立刻停止测试，告知开发组重新打包。冒烟测试又叫预测试，常利用一个正确的业务流程，贯穿整个系统，如果正确处理，则冒烟测试通过，如果有问题，就报告错误，重新打包。这个过程非常重要，却经常被测试工程师忽略，往往辛辛苦苦测了几小时，最后被告知当前版本打包有问题，浪费了测试时间。

冒烟测试通过后，测试工程师可按照测试计划进行功能测试用例的执行，正式开展项目的测试工作。

6.2　测试用例执行

第一个测试版本通过上面的方法搭建好后，测试组长告知测试工程师进行项目测试。根据测试工程师的任务分配，每个测试工程师打开 ALM 进行对应模块的用例执行。利用 ALM 执行测试用例主要分为两步：测试集创建与测试集执行。

6.2.1　测试集创建

测试工程师李四被告知测试环境搭建完成，可以开展测试执行活动。李四登录 ALM 后，需根据测试任务分配创建一个测试集。测试集是单次测试任务中待执行测试用例的集合。

【案例 6-3　OA 系统测试集设计】

（1）测试工程师以"lisi"账号登录到 ALM，单击"测试"→"测试实验室"命令，如图 6-54 所示。

图 6-54　测试集设计界面

（2）单击"测试集"下的"新建文件夹"或者单击工具栏中的 ，出现图 6-55 所示的界面。在"测试集文件夹名："中输入测试集的文件夹名称，如此处的"OA 系统"。单击【确定】按钮，完成"OA 系统"测试集文件夹的创建。

（3）在"OA 系统"目录下创建"功能测试"，然后设置测试任务集，如"2017111-李四"，以日期+测试人员姓名方式，将李四的测试任务全部放在"功能测试"下面，每个测试人员可创建自己的测试任务集。单击"新建测试集"或工具栏中的 ，在"名称"中输入"2017111-李四"，如图 6-56 所示。

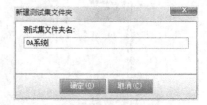

图 6-55　新建测试集文件夹

图 6-56 测试集设置

（4）设计好测试集目录后，可在测试集中设置待执行的测试用例。选中"2017111-李四"，在右边界面中单击"执行网格"选项卡，然后单击"选择测试"，在"测试计划树"中选择待测试的用例集合，拖入"执行网格"，完成后的效果如图 6-57 所示。

图 6-57 测试集选择测试用例

通过上述步骤，测试集创建完成。测试人员可执行测试集，实施实际的测试活动。

6.2.2 测试集执行

执行测试集之前，先了解一般实际测试过程中，如何对被测对象进行测试。有读者可能说根据测试用例执行。说得没错，这是必需的，但测试用例的设计不是面面俱到的，有很多细节并不一定设计为测试用例，测试用例应该少而精。所以，有必要讨论如何对细节进行测试。

【案例 6-4 图书类别添加功能测试点】

测试过程中，打开图 6-58 所示的界面后，首先要做的不是立刻执行该模块的测试用例，而是先看除了功能之外的测试点，比如性能、页面标题、页面布局等。通常情况下，按照"响应时间→标题栏→脚本错误→页面布局→图片→音视频文件→文字→功能"这样的顺序执行测试。

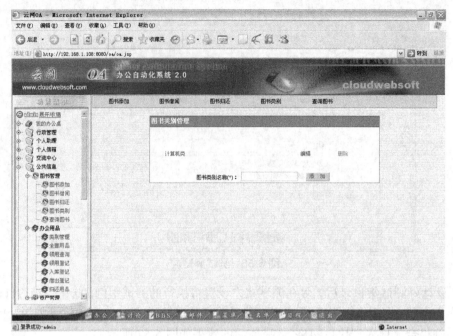

图 6-58　OA 系统图书类别添加功能界面

1. 响应时间

一般打开一个页面，首先感觉到的应该是这个页面的打开速度快不快，这属于前端性能方面的表现，而且是测试工程师的第一感觉。如果打开页面缓慢，需要等待不正常的时间，则可能存在性能问题。如果加载时间相对较长，则可提交一个缺陷："图书类别添加页面打开速度慢，每次打开该页面需要大约 10 秒"。正常情况下，一个页面的响应时间在 3 秒左右是比较正常的，测试界有个说法："2、5、8、10"。如果请求在 2 秒内被响应，系统响应很快；如果在 5 秒左右，则是正常情况；而 8 秒甚至 10 秒以上，用户很可能忍受不了等待，发起第二次访问甚至放弃操作离开页面。

2. 标题栏

标题栏应当准确正确地表述当前页面所需实现的功能或业务。即使没有，通常也会以系统名称标注。然而，程序员往往会在这个地方犯错误。以添加和修改功能为例，添加功能与修改功能在界面设计上是基本相同的。有些开发工程师使用复制方式，将添加功能的代码直接复制，改为修改功能的代码，这个时候很可能忽略代码中"title"的修改，造成修改的页面标题仍显示添加字样。测试工程师在测试的时候应该注意这样的问题。

3. 脚本错误

通常情况下，测试 B/S 结构软件时大多使用的是 Internet Explorer。在该浏览器的高级设置中，需要勾选"显示每个脚本错误的通知"，同时取消勾选"显示友好 HTTP 错误信息"，如图 6-59 所示。这样，在打开有脚本错误的页面时，Internet Explorer 会自动弹出错误提示框。有些时候一些严重的脚本错误会导致功能的失效。如果有脚本错误，则可提交对应的缺陷。

4. 页面布局

打开页面后，我们所看到的就是界面的设计，比如色彩、布局等。不管系统能实现什么样的功能，从用户体验角度来说，一个系统的整体风格应该是一致的，色彩过渡得不应太快，界面功能的布局应该遵循一种规律，而不是杂乱无章的。如果系统设计初期，已经看过系统原型设计或者被测系统的宣传手册之类的文档，那么就必须以先前公布的界面设计风格为标准来评价当前的测试版本，一旦有不一致，就需提出缺陷。不过需要注意界面设计方面的问题，往往带有测试工程师的个人感情色彩，每个人的审美观是不一样的，所以缺陷的严重度不宜太高。比如，测试工程师觉得这个页面上的红色太红，应该稍微淡些，那么提交的缺陷应该属于"Suggestion（建议性）"，而不能将其级别定得太高。

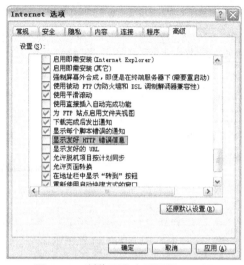

图 6-59　浏览器脚本错误提示设置

5. 图片

图片是否显示完整，是否存在失真？如果图片实现的是按钮功能，则需验证是否实现了跳转功能；如果图片上有"alt"文字，则需检测该文字表述的正确性。

6. 音视频文件

如果页面中存在音视频文件，还需检测音视频文件能否正常播放、是否自动播放、是否清晰等。

7. 文字

书写错别字是人们经常犯的一个小错误，特别是使用拼音输入法时，经常出现一些近音词，往往不注意的时候就弄错了。比如"上传"写成"上船"，"清除"写成"清楚"等。小的错误可能无伤大雅，不影响系统的正常使用，但如果错别字比较离谱的话，误导了用户，那么就需要提高这种缺陷的重视度。

软件系统中，按钮是经常需要使用的控件，如提交、取消、新增、修改、删除、查询等。有些按钮设计得很漂亮，与整个页面是统一的整体，可有些时候如果没有比较好的美工设计，靠开发人员来设计按钮时，可能会出现与整个页面风格格格不入的情况，所以，测试工程师在测试过程中应当注意这些方面。同样，按钮上的文字必须确切地描述当前按钮所实现的功能，并且不能有错别字。

上述测试过程中，很多时候无法描述为具体的测试用例，有些公司将它们定义为测试经验用例或通用用例。每个项目测试实施活动中，都应当包括这些测试点。

【案例 6-5　添加类别功能测试集执行】

经过细致的检查，上面都没有问题后，测试工程师执行 ALM 测试集中的测试用例。执行测试用例的步骤如下。

（1）单击菜单栏中的"运行"按钮，出现图 6-60 所示的界面。"运行名称"默认的是当前的时间，一般不用修改。"测试者"是测试人，会自动读取当前 ALM 登录账号。如果当前测试集有多个测试点，那么可以使用"运行测试集"功能。该功能在测试集中含有多个测试点时，第一个测试点测试结束后不退出，而是直接打开第二个测试点，直至所有测试点测试完成才停止。

图 6-60　测试点执行设置

（2）确认无误后，单击【开始运行】按钮，出现图 6-61 所示的界面，执行当前测试点。如果想退出，单击【停止】按钮。

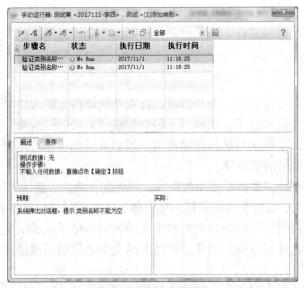

图 6-61　测试步骤列表

（3）从图 6-61 中可以看到，ALM 将当前测试点的所有测试步骤都列出来，测试工程师只需一边打开测试集，一边打开被测软件，一步一步按照测试用例中设计的步骤执行。在当前步骤测试通过时，单击按钮，将当前步骤设置为"通过"；如果当前步骤执行失败，可单击按钮，将当前步骤设置为"失败"。最终的效果如图 6-62 所示。

图 6-62　测试点测试完成状态

（4）设置为"失败"的用例，则需添加缺陷。在"实际结果"中填写与预期结果不相符的结果。单击按钮，出现图 6-63 所示的界面，ALM 将当前步骤中的所有信息默认读过去，只需添加对应的概要信息、严重度、执行的实际结果等即可完成提交缺陷操作。

图 6-63　添加缺陷界面

（5）所有步骤执行检查后，单击【停止】按钮即可。本次测试完成后的结果界面如图 6-64 所示。

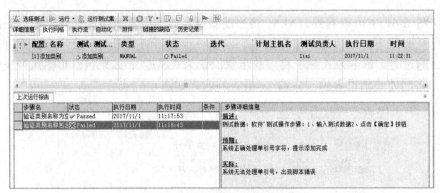

图 6-64　测试集执行结果界面

测试集保存每次执行的结果，可在需要调取历史记录时应用，便于测试结果追溯。

6.2.3　测试集执行策略

任何测试对象在正式开展测试活动之前，需先验证被测对象核心功能能否正常运行，如果其核心功能无法正常工作，则不必执行细节测试。冒烟测试的专业说法为"预测试"，冒烟测试是一种通俗的表达方式。

冒烟测试，指利用较短的时间，对级别为高的测试用例进行执行，保证被测对象核心功能能够正常工作，一般时间为 30 分钟以内。

如果冒烟测试通过，则可开展深度测试，否则，测试组长有权退回测试版本，由开发团队重新组织测试版本。

冒烟测试通过后，测试工程师需根据各自的测试任务进行详细测试用例执行工作。

执行完本次测试需执行的所有测试用例后，即可完成本次测试。软件测试工作是一项细致有序的工作，不能有半点马虎，因为稍有不慎，可能会造成严重的缺陷。测试用例是测试工程师执行测试的一个依据，不仅仅需要严格执行，还需要在测试过程中不断思考，找出更有效的方法测试被测对象。机械地执行用例并不是一种好的工作态度。

如果没有利用 ALM 开展测试，则可以打开 Word、Excel 版的用例集，一边看，一边执行用例。测试用例文档一般都有执行结果一栏，如果通过，就打个勾，或者写上"Pass"；如果失败，可打个叉，或者写上"Fail"。在测试结束后，由各个测试工程师对测试结果进行汇总，然后汇报给测试组长，由测试组长负责最后的测试结果统计，并将结果提交给项目经理与开发组长。这样做非常麻烦，而且结果的统计很繁杂，不如用一些自动化管理工具效率高。

6.3　缺陷跟踪处理

软件测试工作的核心是发现被测对象中的缺陷。一个测试团队是否有一个高效合理的缺陷管理流程，是衡量这个团队工作效率的重要标准。图 6-65 所示的缺陷管理流程是 ALM 中默认的管理流程。

缺陷管理流程多以参与流程的人员角色分工。本书主要从测试工程师、测试组长、开发组长、开发工程师、项目经理等角色考虑。

1．测试工程师

测试工程师发现缺陷后，在 ALM 中的"缺陷"模块添加缺陷，此时缺陷的状态为"new

（新建）"。在添加缺陷时需"assign to（指派给）"缺陷的下一步处理人，一般情况下为当前项目的测试组长。

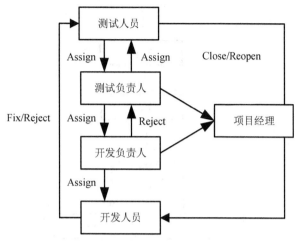

图 6-65　ALM 缺陷管理流程

2．测试组长

测试组长查看对应项目中需要自己处理的缺陷，将缺陷的状态改为"Open（打开）"并进行"Review（审查）"工作，检查测试组员新增的缺陷是否符合规范，比如语言描述是否清晰、问题定位是否准确等，或者判断该问题是否确实是一个缺陷，还是因组员不熟悉需求、理解偏差而引起的误提。如有问题，则将该缺陷"assign to（指派给）"缺陷提交者，让其修改后再提交给测试组长；如无问题，则将该缺陷提交给开发组长。

3．开发组长

开发组长处理指派给自己的缺陷，根据缺陷的所属功能模块标识，分派给相应的开发工程师。在这个过程中，开发组长认为某些缺陷提交的有问题，则可返回给测试组长，并加上相应的"Comment（注释）"，由测试组长再次审查。测试组长则会与测试组员共同审查该缺陷，如确实是一个缺陷，则可再次指派给开发组长。

4．开发工程师

开发工程师处理开发组长指派给自己的缺陷，根据缺陷的描述重现并修复缺陷，修复后将该缺陷状态置为"Fixed（已修复）"，并指派给相应的缺陷提交者，由缺陷提交者在后续版本中进行验证。如果开发工程师认为该问题不是一个缺陷，则可向开发组长反映，或者咨询缺陷的提交者；测试工程师对开发工程师 Fix 回来的缺陷进行验证，如果该缺陷被成功修复，则"Close（关闭）"该缺陷，如果经检查未能成功修复，则"Reopen（重新打开）"该缺陷，继续按照缺陷的处理流程流转。

5．项目经理

当对提交的缺陷有分歧、被"Reject（拒绝）"的时候，可由项目经理、测试组长、开发组长等进行缺陷的评审，并商定问题如何处理、是否保留或是当前版本不改，需给出一个定论。

一般来讲，缺陷的处理是一个循环反复的过程。当出现争议的时候，必须由项目负责人参与缺陷的处理，而不能由开发组或者测试组单方面决定缺陷的终止。

在缺陷的处理流程中，缺陷的状态变化流程一般如图 6-66 所示。

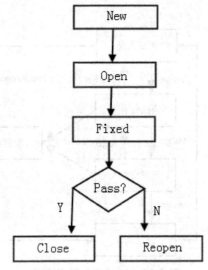

图 6-66　Bug 状态转换图

为了更好地分析管理缺陷，ALM 项目管理员需在"项目自定义"功能中给"缺陷"模块添加一个缺陷"所属模块"自定义字段，用此字段来标识缺陷的所属模块，便于在测试结果分析时统计出各个功能模块的缺陷情况。

【案例 6-6　缺陷管理流程自定义字段实现】

（1）ALM 管理员登录到 OA 系统项目自定义界面，选择"项目列表"，如图 6-67 所示。

图 6-67　项目列表界面

（2）单击"新建列表"，输入列表名称，如"所属模块"，确定后新增列表选项，单击"新建项"，如图 6-68 所示。

（3）根据测试任务中的功能划分，依次创建"所属模块"的列表值，完成后如图 6-69 所示。

图 6-68　添加自定义列表值

图 6-69　"所属模块"列表值

（4）单击"保存"按钮，完成"所属模块"项目列表的创建活动。单击"项目实体"命令，跳转到缺陷模块自定义字段设计界面，如图 6-70 所示。

图 6-70　项目实体设置界面

（5）在"项目实体"中选择"缺陷"，单击"用户字段"→"新建字段"命令，出现图 6-71 所示的界面。

（6）在"标签"中输入字段名称，如此处的"所属模块"，在"类型"下拉列表中选择"查找列表"选项，选择上述操作创建的"所属模块"列表，勾选"必填"复选框。设置完成后如图 6-72 所示。

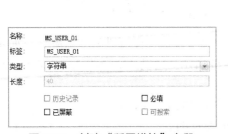

图 6-71　创建"所属模块"字段

图 6-72　"所属模块"缺陷自定义字段设置完成

（7）使用测试工程师账号 lisi 登录 ALM 的"缺陷"模块，单击【新建缺陷】按钮，将会出现有红色标识的项目管理员添加的用户自定义字段"所属模块"，如图 6-73 所示。

图 6-73　添加缺陷页面显示"所属模块"

6.3.1　测试工程师提交缺陷

管理员设置好在测试结果统计过程中需使用的字段后，测试工程师即可正常工作。每个测试工程师以自己的账号登录 ALM，进行测试集的执行，发现错误后就需提交缺陷。

ALM 中的缺陷管理模块如图 6-74 所示。

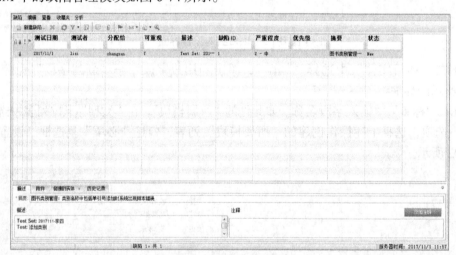

图 6-74　"缺陷"使用界面

测试工程师发现缺陷后，可在测试集运行过程中直接添加，亦可进入"缺陷"页面单击【新建缺陷】按钮提交缺陷，添加缺陷的界面如图 6-73 所示。这里简要介绍 ALM 中的缺陷模板组成部分。

- 摘要：输入缺陷的简要描述，用简短的语言概述缺陷的内容。
- 测试者：缺陷发现者。描述当前缺陷是由谁发现的。

- 测试日期：描述当前缺陷是什么时候发现的。
- 严重程度：描述当前缺陷所能引起的后果的严重程度。
- 所属模块：用户自定义字段。描述当前缺陷属于哪个功能模块。
- 分配给：将当前缺陷分配给谁进行下一步处理。
- 可重现：描述当前缺陷使用同样的操作能否再次出现。
- 状态：描述当前缺陷所处的状态。
- 描述：详细写出当前缺陷的由来，比如测试数据、测试步骤、预期结果、实际结果等。

各个公司可能有自己独特的缺陷定义及组成内容，ALM 仅提供了一种较为通用的样式。一般情况下，这些字段已经能够帮助项目组更好地理解及处理缺陷。所以，测试工程师只需按照原有的字段填写相关值即可。

经过测试集的执行，测试工程师发现了若干个缺陷，提交到 ALM 的"缺陷"模块中。各个测试工程师都需以自己的 ALM 账号录入缺陷。当本次测试任务结束后，所有缺陷的显示列表如图 6-75 所示。

图 6-75　缺陷列表示意图

当第一次版本迭代结束后，测试组长可能会统计测试工程师发现的缺陷数量，以此来了解当前被测系统大体的质量状况，并及时告知项目经理与开发组长，让他们也对当前的测试结果有个初步的了解，从而掌握当前项目的总体质量。

软件测试工作是个不断重复的过程，软件的测试版本一个接一个，缺陷的数量不断增加，但到一定程度后，版本逐渐减少，缺陷数量增加幅度降低。经过测试工程师与开发工程师的共同努力，被测系统总体上是向着好的方向发展。在这个不断迭代反复的过程中，测试工程师按照部门既定的缺陷管理流程进行工作。

【案例 6-7　新缺陷提交流程】

测试工程师李四执行"图书管理"功能模块处的用例时，发现在图书类别添加，输入超过 150 个字符的类别名称时，Tomcat 的控制平台会报出 SQL 语句错误，而页面则会提示"数据库操作失败！"。对于用户而言，"数据库操作失败"是个相对专业的表述。如果上述表述改为"图书类别名称不能超过100个字符"，用户更容易理解其含义。

李四提交一个名为"图书类别添加功能处，输入超过150个字符的类别名称，Tomcat控制平台报出SQL异常"的缺陷，此时该缺陷的"状态"为"新建"，"严重度"为"中级"，具体缺陷信息如图6-76所示。

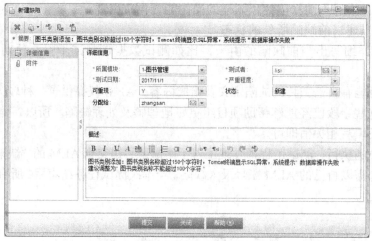

图6-76　添加"数据库操作失败"缺陷

确认无误后，单击【提交】按钮，提交该缺陷，并将其分配给测试组长张三。

6.3.2　测试组长处理缺陷

根据测试团队定义的缺陷管理流程，测试工程师提交缺陷后，需由测试组长进行处理（仅当流程设置了测试组长处理节点时）。

【案例6-8　测试组长处理缺陷】

测试组长张三登录ALM后，设定过滤条件，将所有指派给自己的缺陷过滤出来，如图6-77所示。根据缺陷跟踪管理流程，张三先查看状态为"新建"的缺陷，检查这些新添的缺陷是否符合缺陷的描述规范，比如语言描述是否简洁易懂、缺陷定位是否精准等。如果没有问题，张三修改这些缺陷的状态为"打开"，并将它们指派给开发组长王五。

筛选器：分配给 [zhangsan]

缺陷ID	摘要	严重程度	测试者	所属模块	测试日期	分配给 zhangsan	可重现	描述	状态
16	图书类别管理…	2 - 中	lisi	1-图书管理	2017/11/1	zhangsan	Y	Test Set: 201…	New
17	图书类别管理…	2 - 中	lisi	2-办公用品管理	2017/11/1	zhangsan	Y	Test Set: 201…	New
19	图书类别管理…	2 - 中	lisi	1-图书管理	2017/11/1	zhangsan	Y	Test Set: 201…	New
22	图书类别管理…	2 - 中	lisi	1-图书管理	2017/11/1	zhangsan	Y	Test Set: 201…	New
24	图书类别管理…	2 - 中	zhangsan	1-图书管理	2017/11/1	zhangsan	Y	Test Set: 201…	New
27	图书类别管理…	2 - 中	lisi	2-办公用品管理	2017/11/1	zhangsan	Y	Test Set: 201…	New
29	图书类别管理…	2 - 中	lisi	1-图书管理	2017/11/1	zhangsan	Y	Test Set: 201…	New
30	图书类别管理…	2 - 中	zhangsan	1-图书管理	2017/11/1	zhangsan	Y	Test Set: 201…	New
33	图书类别添加…	3 - 高	lisi	1-图书管理	2017/11/1	zhangsan	Y	图书类别添加…	新建

图6-77　指派给测试组长的缺陷

6.3.3　开发组长处理缺陷

测试组长对测试工程师提交的缺陷进行过滤处理后，如果确认是缺陷，则提交至开发组长处进行处理。

【案例6-9　开发组长处理缺陷】

开发组长王五登录ALM后，同样先过滤属于自己的缺陷，如图6-78所示，然后一一打开这些缺陷进行查看。一般情况下，开发组长只看这些缺陷分别属于哪些模块，然后分配给对应的开发工程师，但如果开发组长不认为是一个缺陷，或者觉得不理解的时候，就加上"注释"指派给测试组长。

筛选器：分配给[wangwu]									
缺陷 ID	摘要	测试日期	测试者	分配给 wangwu	可重现	描述	所属模块	严重程度	状态
16	图书类别管理…	2017/11/1	lisi	wangwu	Y	Test Set: 201…	1-图书管理	2 - 中	打开
17	图书类别管理…	2017/11/1	lisi	wangwu	Y	Test Set: 201…	2-办公用品管理	2 - 中	打开
19	图书类别管理…	2017/11/1	lisi	wangwu	Y	Test Set: 201…	1-图书管理	2 - 中	打开
29	图书类别管理…	2017/11/1	lisi	wangwu	Y	Test Set: 201…	1-图书管理	2 - 中	打开
33	图书类别添加…	2017/11/1	lisi	wangwu	Y	图书类别添加…	1-图书管理	3 - 高	打开

图 6-78　指派给开发组长的缺陷

6.3.4　开发工程师处理缺陷

经过开发组长的缺陷分配，开发工程师需处理分配给自己的缺陷。

【案例 6-10　开发工程师处理缺陷】

开发工程师马六进入 ALM 后过滤指派给自己的缺陷，如图 6-79 所示。

筛选器：分配给[maliu]									
测试日期	测试者	分配给 maliu	描述	缺陷 ID	所属模块	优先级	摘要	状态	严重程度
2017/11/1	lisi	maliu	Test Set: 201…	16	1-图书管理		图书类别管理…	打开	2 - 中
2017/11/1	lisi	maliu	Test Set: 201…	17	2-办公用品管理		图书类别管理…	打开	2 - 中
2017/11/1	lisi	maliu	Test Set: 201…	29	1-图书管理		图书类别管理…	打开	2 - 中

图 6-79　指派给开发工程师的缺陷

根据缺陷的描述，开发工程师进行相关代码的修改，当修复完成后，需将对应的缺陷的状态改为"修复"，表示这个缺陷已经修改了，测试工程师可在下一个测试版本校验，如图 6-80 所示。

图 6-80　开发工程师修复缺陷

开发工程师如果不认为这是一个缺陷，可加上备注，指派给测试工程师，说明他不修改的理由，如图 6-81 所示。

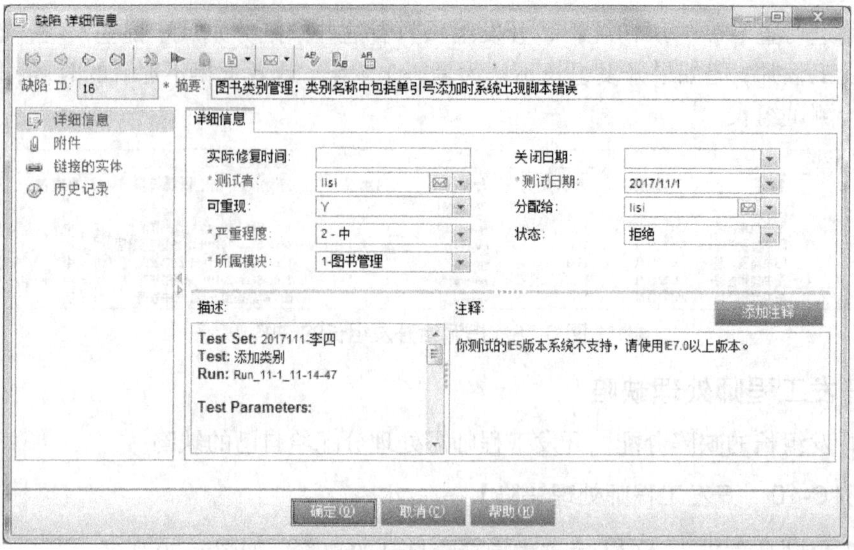

图 6-81　开发工程师拒绝缺陷

当一个测试版本完成测试后，开发工程师修复缺陷，测试工程师可能就去做其他的项目了，待第二个测试版本完成后，再进行上述动作，如此反复迭代，直至在项目所要求的时间范围内完成被测系统的测试。一旦在测试过程中对缺陷的定义有争议，就需要根据约定召开项目组缺陷评审会议，对被"拒绝"的缺陷进行处理。按道理，项目测试结束后，该项目的缺陷库中不应有"新建""打开""重新打开""已修正"这四种状态的缺陷。

6.4　回归测试

当发现和修复了一个缺陷后，应进行再测试以确定已经成功修复了原来的缺陷，称为确认。

回归测试是对已被测过的程序在修复缺陷后进行的重复测试，以发现在这些变更后是否有新的缺陷引入或被屏蔽。这些缺陷可能存在于被测试的软件中，也可能在与之相关或不相关的其他软件组件中。当软件发生变更或者应用软件的环境发生变化时，需要进行回归测试。回归测试的规模可以根据在以前正常运行的软件中发现新的缺陷的风险大小来决定。确认测试和回归测试应该可以重复进行。

回归测试可以在所有的测试级别上进行，同时适用于功能测试、非功能测试和结构测试。回归测试套件一般都会执行多次，而且通常很少有变动，因此将回归测试自动化是很好的选择。

当第一轮测试完成后，研发人员对测试工程师所提出的缺陷进行处理。无论是修复还是拒绝的缺陷，测试工程师都需要进行确认与回归测试。

回归测试通常有完全回归和选择性回归测试两种策略。

对于任何一个项目，前三轮测试版本迭代过程中，都建议使用完全回归测试策略，将所有测试用例全部回归。而被测对象是升级或者维护性的版本变化，则可采用选择性回归策略实施。

无论是完全回归还是选择性回归测试，通常流程如下。

1. 确认缺陷是否修复

测试工程师提交的缺陷，经过开发工程师处理，如果确实是缺陷，并且已经修复，则测试工程师需在下一个版本上确认缺陷是否已经修复完成，这个过程一般称为缺陷校验。

对于状态是"拒绝"的缺陷，测试工程师应当确认开发工程师拒绝的理由是否成立，如果不成立，则需重新打开缺陷，如果成立，则关闭缺陷。

2. 执行用例回归测试

校验缺陷活动完成后，测试工程师根据测试任务分配进行执行用例活动，重新开展测试活动。

6.5 功能测试报告输出

测试工作完成后，测试组长输出当前测试对象的测试报告，对被测对象的缺陷进行分析，反映被测软件的质量，以便于项目组决定项目是否上线或者发布。所以，如何分析缺陷在软件测试活动中显得尤为重要。在 ALM 中，利用报表图形分析功能进行缺陷状态的总结分析，最终输出测试报告。一般情况下，需要统计缺陷的修复率、缺陷分布情况以及当前遗留缺陷的分布情况等。

1. 缺陷修复率统计

缺陷修复率直接体现了一个项目中缺陷的处理情况。这里所说的修复率是单位缺陷中已修复的比率。公式如下：

缺陷修复率=校验通过关闭缺陷数 / 总缺陷数

这里的"校验通过关闭缺陷数"如何统计呢？在 ALM 的"缺陷"中默认没有提供标识是否是校验的缺陷，所以需要测试工程师自定义一个字段来标识。与前面创建缺陷的"所属模块"字段一样，利用用户自定义字段维护方法，创建一个标识缺陷属于校验通过关闭的状态"校验状态"，以此字段来统计缺陷修复率。

添加成功后，单击"缺陷"→"分析"→"图"→"缺陷概要-按'状态'分组"命令，如图 6-82 所示。

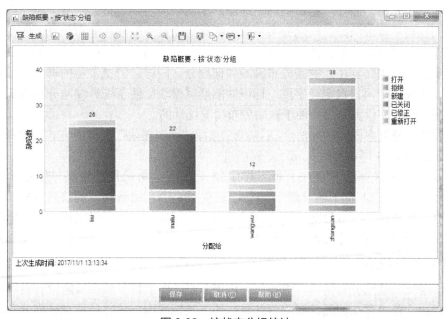

图 6-82　按状态分组统计

根据缺陷状态分组，则如图 6-83 所示。

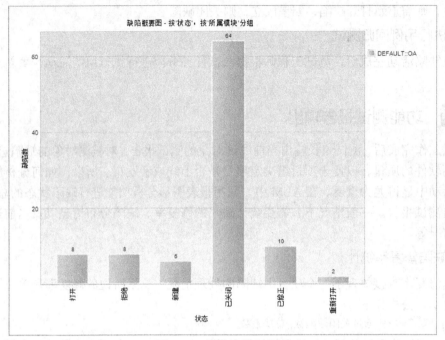

图 6-83　按缺陷状态分组

从图 6-83 中可以看出，"已关闭"的缺陷有 64 个，假设 64 个缺陷都是校验通过后关闭的缺陷，那么缺陷的修复率就是

缺陷修复率=校验通过关闭缺陷数（64 个）/总缺陷数（98 个）≈63.5%

2. 缺陷分布情况

软件测试工作中，需要注意缺陷群集现象。当某个模块发现很多的缺陷时，那么就有可能在该模块发现更多的缺陷。缺陷分布情况主要描述项目中缺陷的分布位置，各个模块都有多少缺陷，严重度如何。根据缺陷的分布情况，找出项目问题比较严重的功能模块，有针对性地加强测试。这里需要注意的是分布区域如何划分。同样，测试工程师可以参考缺陷修复率的方法，添加一个用户自定义字段，标识缺陷所属模块，便于统计缺陷分布情况。前面添加的"所属模块"字段就是为了便于缺陷分布情况统计的。

与统计缺陷修复率同样的方法，"X-Axis"选择"所属模块"，"分组方式"选择"状态"，获得新图，如图 6-84 所示。

从图 6-84 中可以看到，"图书管理"共有 52 个缺陷，"办公用品管理"有 32 个缺陷，其次分别是"工作流管理""车辆管理"。"图书管理""办公用品管理"的缺陷最多，测试组长应该重点分析这两块。一般可能有两个原因：需求不明确，导致开发困难，所以出现这个问题；另一个原因可能就是开发者能力不足。

3. 当前遗留缺陷

类似于前面的缺陷分布情况，需要统计出当前系统中遗留了多少缺陷没有被解决，什么原因未被解决，是否存在遗漏的缺陷未修复，还是其他原因。该数值可在缺陷分布的基础上获得。

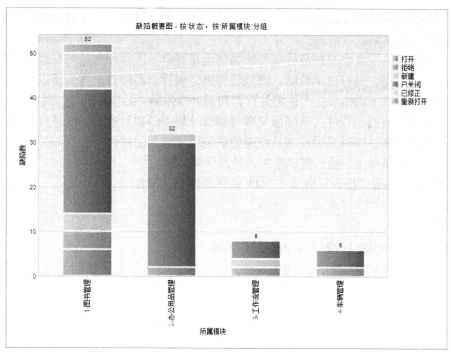

图 6-84 按所属模块分组

所谓的遗留，就是前面所说的状态为"新建""打开""重新打开""已修正"的缺陷，在测试工作结束时是不应该存在的。如何统计这些缺陷呢？

同样利用 ALM 缺陷模块的图表分析功能，汇总数据。汇总后的数据图如图 6-85 所示。

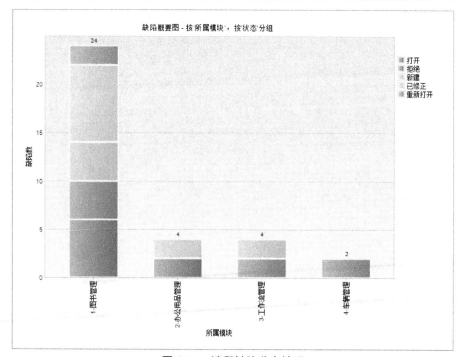

图 6-85 遗留缺陷分布情况

从图 6-85 中可以看到，"图书管理"模块遗留缺陷最多，达到 24 个，说明当前项目的测试工作并没有真正完成，还需要至少一个版本的测试，需测试组长、开发组长、项目经理协商如何处理这些尚未解决的缺陷。

上面所有的图形、文字描述最后都要归结到质量评价。质量评价是测试组对被测对象质量的一个综合的总结。通过这个总结，项目经理决定软件产品能否上线，所以，质量评价一定要在实际数据基础上做出公正严谨的评价，切忌弄虚作假。

质量评价中需将当前软件的缺陷修复率与测试计划中的项目停测标准进行比较，并做出是否通过测试的判断，同时需写出因某些遗留缺陷而导致当前软件产品发布后可能存在的问题。在事实数据的基础上，给出测试是否通过的明确结果。

OA 系统的功能测试报告见附录 4 "OA 系统功能测试报告"。

实训课题

1. 阐述测试环境搭建过程主要包括哪些步骤。
2. 独立完成 ALM 中缺陷管理流程设计，并增加"缺陷类别""缺陷来源"字段自定义。

第 7 章　UFT 自动化测试实施

本章重点

　　介绍手工功能测试后，本章重点介绍利用 UFT 进行 OA 系统自动化测试，通过对 VBS 基本语法、UFT 基本应用进行讲解，利用 UFT 进行自动化测试框架设计，全面介绍数据驱动框架在 Web 项目测试中的实现与应用。

学习目标

1. 了解 UFT 发展历史。
2. 掌握 VBS 常用编程方法。
3. 掌握 UFT 基本操作。
4. 掌握数据驱动框架设计方法。

7.1　自动化测试简介

　　前面介绍了手工测试软件研发活动中的实施流程，本章重点介绍自动化测试技术在项目测试活动中的应用。

　　自动化测试，顾名思义，就是利用一些工具或编程语言，通过录制或编程的方法，模拟用户业务使用流程，设定特定的测试场景，自动寻找缺陷。

1. 自动化测试工具

　　目前业内较为流行的商用自动化测试工具代表有 HP 公司的 Unified Function Testing（UFT）与 IBM 公司的 Rational Functional Tester（RFT），开源自动化测试工具则以 Selenium、Appium 为代表。

　　UFT 是 HP 公司研发的自动化测试工具，提供符合所有主要应用软件环境的功能测试和回归测试的自动化，采用关键字驱动的理念简化测试用例的创建和维护。用户可直接录制屏幕上的操作流程，自动生成功能测试或者回归测试用例。专业的测试者也可以通过提供的内置 VBScript 脚本和调试环境来自定义脚本执行过程。

　　IBM 的 RFT 是一款先进的、自动化的功能和回归测试工具，适用于测试人员和 GUI 开发工程师。测试新手可以简化复杂的测试任务，很快上手。测试专家能够通过选择工业标准化的脚本语言，实现各种高级定制功能。

　　Selenium 是业内流行的开源自动化测试工具，直接运行在浏览器中，就像真正的用户在操作一样。它支持的浏览器包括 IE(7、8、9)、Mozilla Firefox、Chrome 等。Selenium 的主要功能包括测试浏览器兼容性、测试系统功能，支持自动录制动作和自动生成 .Net、Java、Perl 等不同语言的测试脚本。

2．自动化测试的优缺点

自动化测试的优点是能够快速、重用，替代人的重复活动。回归测试阶段，可利用自动化测试工具进行，无需大量测试工程师手动重复执行测试用例，极大地提高了工作效率。

当然，自动化测试的缺点也很明显，只能检查一些比较主要的问题，如崩溃、死机，却无法发现新的错误。另外，在自动测试中编写测试脚本工作量也很大，有时候该工作量甚至超过了手动测试的时间。

自动化测试活动中，测试工具的应用可以提高测试质量、测试效率。但在选择和使用测试工具的时候，也应该看到在测试过程中，并不是所有的测试工具都适合引入，同时，即使有了测试工具，会使用测试工具也不等于测试工具真正能在测试中发挥作用。因此，应该根据实际情况选择测试工具。选择使用何种测试工具，千万不可为了使用工具而刻意地去使用工具。在目前软件系统研发环境下，利用自动化测试完全替代手工测试是不可能的。

自动化测试不仅仅运用在系统测试层面，在单元测试、集成测试阶段同样可以使用自动化测试方法进行测试。本章所述自动化主要是指系统层面的自动化测试。

3．自动化测试的技能要求

自动化测试在企业中基本是由专业的团队来实施的，对自动化测试团队成员的技能要求比对普通的手工测试人员的要求一般要高，主要要求的技能如下。

（1）基本的软件测试基本理论、设计方法、测试方法，熟悉软件测试流程。

（2）熟悉一门语言的使用、常用的编程技巧。具体需要使用的语言要结合自己所使用的工具，比如 UFT 需要掌握 VBScript，Selenium 需要掌握 Java、Python 等语言。

微课 7.1　自动化测试简介

（3）掌握一个比较流行的自动化测试工具。虽然掌握一个自动化工具不是必须的，但是建议初学者还是从一个工具入手。通过工具的学习地可以了解一些常见的自动化框架的思想，另外也可以通过此工具相对容易地进行自动化测试实施。

（4）熟悉被测系统的相关的知识点。如对一个 Web 下的系统进行自动化测试，则需要熟悉 Web 系统相关知识点，比如 HTML、AJAX、Web 服务器、数据库。

（5）熟悉一些常见的自动化测试框架，比如数据驱动、关键字驱动。

自动化测试团队的规模视项目规模而有所区别，团队规模从几人到几十人不等。

7.2　UFT 简介

UFT 前版本是 Quick Test Professional。HP 在测试工具研发方面的巨大投入，使得 UFT 增加了很多新的功能特性，其市场占有率一度达到 70%以上。

UFT 是新一代自动化测试解决方案，采用关键词驱动（Keyword-Driven）测试的理念，极大简化自动化测试流程，采用录制——回放模式自动生成脚本，测试人员可便捷地实施自动化测试工作。

本书以 UFT Version 12.01 版本进行讲解，产品特点如下。

（1）UFT 是一个侧重于功能的回归自动化测试工具；提供了很多插件，如.NET 的、Java 的、SAP 的、Terminal Emulator 等，分别用于各自类型的产品测试。默认提供 Web、ActiveX 和 VB。

（2）UFT 支持的脚本语言是 VBScript，这对于测试人员来说，感觉要"舒服"得多。VBScript 毕竟是一种松散的、非严格的、普及面很广的语言。

（3）UFT 支持录制和回放的功能，开发脚本简单，容易入门和掌握脚本开发技巧，开发效率高。

（4）UFT 提供了对数据驱动和关键字驱动的支持，可以支持快速地开发出灵活、重用度高的自动化脚本。

7.3 UFT 实现原理

面向对象编程语言中，常听到类、对象、属性等概念，UFT 实现自动化测试时同样使用了类似的概念，只是相对简单。

类是具有相同静态、动态特性的事物的集合，如文本编辑框、单选按钮、下拉列表等常见 Web 控件。涉及类概念时，往往是一个宽泛的指代。UFT 试用版默认支持 Windows、Web 对象类。

对象是某类事物中的具体个体，如用户名编辑框、用户性别单选框等。此时，对象作为一个特定个体，具有非常明确的属性值，易于辨别。

属性是事物固有或被赋予的特性，如文本编辑框的长度、名称、默认值、默认焦点等。

设计测试脚本前，测试工程师需根据需要选择正确的插件，选择完成启动 UFT 后，UFT 会根据 Add-in Manager 中勾选的插件自动加载所匹配的对象识别方法。

以 OA 系统登录功能为例，在录制之前，测试工程师首先选择 Web 插件类型，录制时，UFT 启动 IE，根据默认加载的 Web 对象识别方式，将 IE 上测试工程师操作的控件进行识别，识别成功后自动加入对象存储库进行管理。进入对象存储库的 Web 对象称为测试对象（Test Object），如图 7-1 所示。

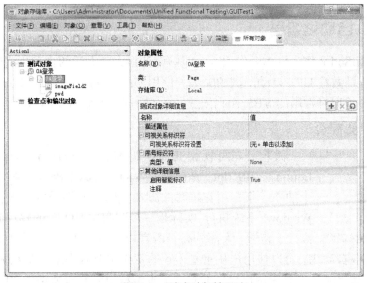

图 7-1　测试对象管理库

识别测试对象时，UFT 以强制属性、辅助属性、位置定义、智能识别等顺序进行识别，如图 7-2 所示。

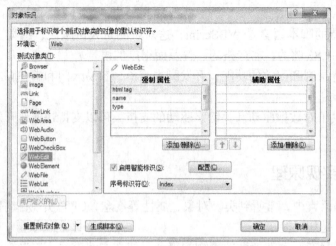

图 7-2　对象识别属性

1．录制识别

以 OA 系统用户名文本输入框为例，UFT 首先以 html tag、name、type 三个强制属性进行识别；如果未能识别出其是 WebEdit 输入框，则以辅助属性进行识别（可自定义）；若仍未识别，则以 index 位置属性进行识别；若强制、辅助、位置属性（index、location）都无法识别此对象，则启用智能识别模式，将待识别对象的所有属性进行匹配，直到匹配成功或超时。

微课 7.3　UFT 实现原理

2．回放识别

录制完成后，UFT 将所有操作的对象存在对象存储库中，测试回放时，采用录制时的识别方法，判断被测对象是否与测试对象一致，若一致，则进行预期与实际结果比较，若不一致，则报告对象识别错误。

7.4　VBS 自动化编程

UFT 采用 VBScript 作为脚本开发语言，能够设计强大、灵活的自动化测试脚本。熟练掌握 VBScript 语言是做好 UFT 自动测试的关键。使用 UFT 实施本次 OA 系统自动化测试前，先介绍一下 UFT 编程时常用的 VBScript 语法。更多知识，读者可参考微软官方文档。

7.4.1　VBScript 简介

微软公司可视化 Basic 脚本版（Microsoft Visual Basic Script Editon，VBScript）是微软开发的一种脚本语言，是 Visual Basic 的一个抽象子集，用它编写的脚本代码不能编译成二进制文件，直接由 Windows 系统执行（实际是一个叫宿主 HOST 的解释源代码并执行），高效、易学。大部分高级语言能干的事情，它基本上都具备。它可以使各种各样的任务自动化，可以使用户从重复琐碎的工作中解脱出来，极大地提高工作效率。

微课 7.4.1　VBScript 简介

目前很多自动化测试工具为用户提供的测试脚本编程语言都是所谓的"厂商语言"，即对某种编程语言的有限实现，或经过改造的编程语言的子集，这些语言会有很多方面的限制。而 UFT 基本完全使用了 VBScript。编写一个自动化测试脚本基本由 VBScript 支持的函数库和 UFT 自带的对象和函数库组成。因此，想写出好的脚本，必须熟悉 VBScript 和 UFT 相关的函数库。

7.4.2 VBScript 基础

本节介绍的 VBScript 编程全部以案例介绍，不对具体语言做深入解析。

1. 常量定义

```
Const MyVar = 123    ' 常数默认为公共变量。
Private Const MyString = "erbao"    ' 定义私有常数。
Const MyStr = "hello,uft", MyNumber = 1    '在一行上定义多个常数。
```

2. 变量定义

声明变量的一种方式是使用 Dim、Public 语句和 Private 语句在脚本中显式声明变量。例如：

```
Dim username
```

声明多个变量时，使用逗号分隔变量。例如：

```
Dim Top, Bottom, Left, Right
```

另一种方式是直接在脚本中使用变量名，隐式声明，但这不是一个好的编程习惯，这样有时会由于变量名被拼错而导致在运行脚本时出现意外的结果，如"ExceptValue"误写成"ExpectValue"。因此，最好使用 Option Explicit 语句显式声明所有变量，如果变量未定义就使用，则会提示"变量未定义"错误，每次编写脚本时在第一行加入"Option Explicit"。

```
Option Explicit
Dim username,password
```

创建如下形式的表达式给变量赋值：变量在表达式左边，要赋的值在表达式右边。例如：

```
B = 200
```

3. 数组变量定义

数组变量声明：

```
Dim A(10)
```

"10"表示定了包含 10 个元素的数组，但每个元素的下标从 0 开始，即 A(10)数组包括 A(0)、A(1)、A(2)、A(3)、A(4)、A(5)、A(6)、A(7)、A(8)、A(9)共计 10 个元素。

数组变量赋值：

在数组中使用索引为数组的每个元素赋值，从 0 到 9，如果写 A（10），则会超过数组边界，如下所示。

```
A(0) = 12
A(1) = 324
A(2) = 100
…
A(9) = 55
```

4. 数据类型

VBScript 只有一种数据类型，称为 Variant。Variant 是一种特殊的数据类型，根据使用的方式，可以包含不同类别的信息。因为 Variant 是 VBScript 中唯一的数据类型，所以它也是 VBScript 中所有函数的返回值数据类型。

最简单的 Variant 可以包含数字或字符串信息。Variant 用于数字上下文中时作为数字处理，用于字符串上下文中时作为字符串处理。这就是说，如果使用看起来像是数字的数据，则 VBScript 会假定其为数字并以适用于数字的方式处理。与此类似，如果使用的数据只可能是字符串，则 VBScript 将按字符串处理，也可以将数字包含在引号（" "）中使其成为字符串。

除简单数字或字符串以外，Variant 可以进一步区分数值信息的特定含义。例如，使用数值信息表示日期或时间。此类数据在与其他日期或时间数据一起使用时，结果也总是表示为日期或时间。从 Boolean 值到浮点数，数值信息是多种多样的。Variant 包含的数值信息类型称为子类型。大多数情况下，可将所需的数据放进 Variant 中，而 Variant 也会按照最适用于其包含的数据的方式进行操作。

表 7-1 所示为 Variant 包含的数据子类型。

表 7-1　VBScript 数据类型

子类型	描述
Empty	未初始化的 Variant。对于数值变量，值为 0；对于字符串变量，值为零长度字符串 ("")
Null	不包含任何有效数据的 Variant
Boolean	包含 True 或 False
Byte	包含 0 ~ 255 的整数
Integer	包含–32 768 ~ 32 767 的整数
Currency	–922 337 203 685 477.5808 ~ 922 337 203 685 477.5807
Long	包含–2 147 483 648 ~ 2 147 483 647 的整数
Single	包含单精度浮点数，负数范围–3.402823E38 ~ –1.401298E-45，正数范围 1.401298E-45 ~ 3.402823E38
Double	包含双精度浮点数，负数范围–1.79769313486232E308 ~ –4.94065645841247E-324，正数范围 4.94065645841247E-324 ~ 1.79769313486232E308
Date (Time)	包含表示日期的数字，日期范围从公元 100 年 1 月 1 日到公元 9999 年 12 月 31 日
String	包含变长字符串，最大长度可为 20 亿个字符
Object	包含对象
Error	包含错误号

可以使用转换函数来转换数据的子类型。另外，可使用 VarType 函数返回数据的 Variant 子类型。

5. VBScript 运算符

VBScript 也同样存在各种运算符：算术运算符、比较运算符、连接运算符和逻辑运算符。表 7-2 ~ 表 7-4 所示仅列出常用的运算符。

（1）算术运算符

表 7-2 VBScript 算术运算符

描　　述	符　　号
负号	−
乘	*
除	/
加	+
减	−
字符串连接	&

（2）比较运算符

表 7-3 VBScript 比较运算符

描　　述	符　　号
等于	=
不等于	<>
小于	<
大于	>
小于等于	<=
大于等于	>=
对象引用比较	Is

（3）逻辑运算符

表 7-4 VBScript 逻辑运算符

描　　述	符　　号
逻辑非	Not
逻辑与	And
逻辑或	Or

（4）运算符优先级

在一个表达式中进行多个运算时，每一部分都会按预先确定的顺序进行计算求解，这个顺序被称为运算符优先级。括号可改变优先级的顺序，强制优先处理表达式的某部分。括号内的操作总是比括号外的操作先被执行。但是在括号内，仍保持正常的运算符优先级。

当表达式有多种运算符时，先处理算术运算符，接着处理比较运算符，然后再处理逻辑运算符。所有比较运算符有相同的优先级，即按它们出现的顺序从左到右进行处理。算术运算符和逻辑运算符按表 7-5 所示的优先级进行处理。

表 7-5　VBScript 运算符优先级

算　术	比　较	逻　辑
指数运算 (^)	相等 (=)	Not
负数 (−)	不等 (<>)	And
乘法和除法 (*, /)	小于 (<)	Or
整除 (\)	大于 (>)	Xor
求余运算 (Mod)	小于或等于 (<=)	Eqv
加法和减法 (+, −)	大于或等于 (>=)	Imp
字符串连接 (&)	Is	&

微课 7.4.2　VBScript 基础

当乘法和除法同时出现在表达式中时，按照从左到右出现的顺序处理每个运算符。同样，当加法和减法同时出现在表达式中时，也按照从左到右出现的顺序处理每个运算符。

字符串连接运算符(&)不是算术运算符，但是就其优先级而言，它在所有算术运算符之后，而在所有比较运算符之前。Is 运算符是对象引用的比较运算符，它并不比较对象或对象的值，而只判断两个对象引用是否引用了相同的对象。

7.4.3　数据类型转换

1. ASC 函数

```
Dim MyNumber
MyNumber = Asc("A")      '返回 65。
MyNumber = Asc("a")      '返回 97。
MyNumber = Asc("Apple")  '返回 65。
```

2. Chr 函数

```
Dim MyChar
MyChar = Chr(65)   '返回 A。
MyChar = Chr(97)   '返回 a。
MyChar = Chr(62)   '返回 >。
MyChar = Chr(37)   '返回 %。
```

3. CBool 函数

```
Dim A, B, Check
A = 5: B = 5          ' 初始化变量。
Check = CBool(A = B)  ' 复选框设为 True 。
A = 0                 ' 定义变量。
Check = CBool(A)      ' 复选框设为 False 。
```

4. CInt 函数

```
Dim MyDouble, MyInt
MyDouble = 2345.5678        ' MyDouble 是 Double。
MyInt = CInt(MyDouble)      ' MyInt 包含 2346。
```

微课 7.4.3　数据类型转换

7.4.4　输入/输出函数

1. MsgBox 输出函数

```
Dim MyVar
MyVar = MsgBox ("Hello World!", 65, "MsgBox Example")
     ' MyVar 包含 1 或 2，这取决于单击的是哪个按钮。
```

2. InputBox 输入函数

```
Dim Input
Input = InputBox("输入名字")
MsgBox ("输入: " & Input)
```

微课 7.4.4　输入/输出函数

7.4.5　类型判断函数

1. IsNull 函数

```
Dim MyVar, MyCheck
MyCheck = IsNull(MyVar)  ' 返回 False。
MyVar = Null   ' 赋为 Null。
MyCheck = IsNull(MyVar)  ' 返回 True。
MyVar = Empty  ' 赋为 Empty。
MyCheck = IsNull(MyVar)  ' 返回 False。
```

2. IsDate 函数

```
Dim MyDate, YourDate, NoDate, MyCheck
MyDate = "October 19, 1962": YourDate = #10/19/62#: NoDate = "Hello"
MyCheck = IsDate(MyDate)   ' 返回 True。
MyCheck = IsDate(YourDate)   ' 返回 True。
MyCheck = IsDate(NoDate)   ' 返回 False。
```

3. IsNumeric 函数

```
Dim MyVar, MyCheck
MyVar = 53   '赋值。
MyCheck = IsNumeric(MyVar)   ' 返回 True。
MyVar = "459.95"   ' 赋值。
MyCheck = IsNumeric(MyVar)   ' 返回 True。
MyVar = "45 Help"   ' 赋值。
MyCheck = IsNumeric(MyVar)   ' 返回 False。
```

4. IsArray 函数

```
Dim MyVariable
Dim MyArray(3)
```

```
MyArray(0) = "Sunday"
MyArray(1) = "Monday"
MyArray(2) = "Tuesday"
MyVariable = IsArray(MyArray) ' MyVariable 包含 "True"。
```

5. IsEmpty 函数

微课 7.4.5　类型判断函数

```
Dim MyVar, MyCheck
MyCheck = IsEmpty(MyVar)   ' 返回 True。
MyVar = Null   ' 赋为 Null。
MyCheck = IsEmpty(MyVar)   ' 返回 False。
```

```
MyVar = Empty   ' 赋为 Empty。
MyCheck = IsEmpty(MyVar)   ' 返回 True。
```

7.4.6　字符串处理函数

1. Len 函数

```
Dim MyString
MyString = Len("VBSCRIPT") 'MyString 包含 8。
```

2. LTrim 函数

```
Dim MyVar
MyVar = LTrim("   vbscript ")   'MyVar 包含 "vbscript "。
MyVar = RTrim("   vbscript ")   'MyVar 包含 "   vbscript"。
MyVar = Trim("   vbscript ")    'MyVar 包含 "vbscript"。
```

3. Rtrim 函数

```
Dim MyVar
MyVar = LTrim("   vbscript ")   'MyVar 包含 "vbscript "。
MyVar = RTrim("   vbscript ")   'MyVar 包含 "   vbscript"。
MyVar = Trim("   vbscript ")    'MyVar 包含 "vbscript"。
```

4. Trim 函数

微课 7.4.6　字符串
处理函数

```
Dim MyVar
MyVar = LTrim("   vbscript ")   'MyVar 包含 "vbscript "。
MyVar = RTrim("   vbscript ")   'MyVar 包含 "   vbscript"。
MyVar = Trim("   vbscript ")    'MyVar 包含 "vbscript"。
```

5. Split 函数

```
test=Split(userinfo,",")   'userinfo 中包含 "username ,
password", 则 test(0)="username",test(1)="password"
```

7.4.7　时间处理函数

1. Date 函数

```
Dim MyDate
MyDate = Date   ' MyDate 包含当前系统日期。
```

2. Day 函数

```
Dim MyDay
MyDay = Day("October 19, 1962")    'MyDay 包含 19。
```

3. Month 函数

```
Dim MyVar
MyVar = Month(Now) ' MyVar 包含与当前月对应的数字。
```

4. Year 函数

```
Dim MyDate, MyYear
MyDate = #October 19, 1962#
MyYear = Year(MyDate)        ' MyYear 包含 1962。
```

5. Hour 函数

```
Dim MyTime, MyHour
MyTime = Now
MyHour = Hour(MyTime)
```

6. Minute 函数

```
Dim MyVar
MyVar = Minute(Now)
```

7. Second 函数

```
Dim MySec
MySec = Second(Now)
```

8. Now 函数

```
MyVar = Now ' MyVar 包含当前的日期和时间。
```

9. Time 函数

```
Dim MyTime
MyTime = Time    '返回当前系统时间。
```

微课 7.4.7　时间处理函数

7.4.8　语句逻辑结构

```
If username="admin" and password="123456" then
    Msgbox "login ok"
Else
    Msgbox "login fail"
End if
```

1. If ...then

```
Sub FixDate()
    Dim myDate
    myDate = #2/13/95#
    If myDate < Now Then myDate = Now
```

```
End Sub
```

2. If…then…elseif …

```
Sub ReportValue(value)
  If value = 0 Then
     MsgBox value
  ElseIf value = 1 Then
     MsgBox value
  ElseIf value = 2 then
     Msgbox value
  Else
     Msgbox "数值超出范围！"
  End If
```

3. Select Case

```
Dim Color, MyVar
Sub ChangeBackground (Color)
  MyVar = lcase (Color)
  Select Case MyVar
     Case "red"      document.bgColor = "red"
     Case "green"    document.bgColor = "green"
     Case "blue"     document.bgColor = "blue"
     Case Else       MsgBox "选择另一种颜色"
  End Select
End Sub
```

4. Do…loop

```
Sub ChkFirstWhile()
  Dim counter, myNum
  counter = 0
  myNum = 20
  Do While myNum > 10
     myNum = myNum - 1
     counter = counter + 1
  Loop
  MsgBox "循环重复了 " & counter & " 次。"
End Sub
```

5. For…Next

For…Next 语句用于将语句块运行指定的次数。在循环中使用计数器变量，该变量的值随每一次循环增加或减少。

```
Sub DoMyProc50Times()
  Dim x
```

```
    For x = 1 To 50
        MyProc
    Next
End Sub
```

关键字 Step 用于指定计数器变量每次增加或减少的值。在下面的示例中,计数器变量 j 每次加 2。循环结束后, total 的值为 2、4、6、8 和 10 的总和。

```
Sub TwosTotal()
    Dim j, total
    For j = 2 To 10 Step 2
        total = total + j
    Next
    MsgBox "总和为 " & total & "。"
End Sub
```

Exit For 语句用于在计数器达到其终止值之前退出 For...Next 语句。因为通常只是在某些特殊情况下（比如在发生错误时）要退出循环,所以可以在 If...Then...Else 语句的 True 语句块中使用 Exit For 语句。如果条件为 False,循环将照常运行。

6. For Each...Next

For Each...Next 循环与 For...Next 循环类似。For Each...Next 不是将语句运行指定的次数,而是对于数组中的每个元素或对象集合中的每一项重复一组语句。这在不知道集合中元素的数目时非常有用。

例如,定义一个数组,数组中存放 5 个员工的编号,其中只有一个编号为空。

需要编写 For each 循环,对每个变量进行判断。

如果找到该信息,就退出循环,并把编号为空的数组元素所在的位置打印出来。

```
Dim myArray(4),count
For count = 0 To 4
    myArray(count) = InputBox ("请输入员工编号")
Next
count = 0
For Each i In myArray
    If i = "" Then
        MsgBox "数组中第" & count + 1 & "个员工编号为空"
        Exit For
    End If
    count = count+1
Next
```

微课 7.4.8　语句逻辑结构

7.4.9　VBScript 过程

在 VBScript 中,过程被分为 Sub 过程和 Function 过程两类。

1. Sub 过程

Sub 无返回值,输出过程需在 Sub 过程内完成。

```
Sub username()
  username= InputBox("请输入用户名。", 1)
  MsgBox "用户名为:"&username
End Sub
Call username()
```

2. Function 过程

可以返回结果，返回数据赋值给 Function 过程名。

微课 7.4.9　VBScript 过程函数

```
Function addcalc(a,b)
  result = a+b
  addcalc= result
End Function
test=addcalc(1,2)
Msgbox test
```

7.4.10　文件操作

1. 文本文件操作

VBScript 对文件操作使用 FileSystemObject 对象完成。FileSystemObject 对象提供了大量的属性、方法和事件，来处理文件夹和文件。

创建 FileSystemObject 对象：

```
Set fso = CreateObject ("Scripting.FileSystemObject")
```

文本文件读取：

```
Option Explicit
Const ForReading = 1
Const ForWriting = 2
Const ForAppending = 8
Dim fso, file, msg
Set fso = CreateObject ("Scripting.FileSystemObject")
Set file = fso.OpenTextFile ("c:\UFT_file\testdata.txt", ForReading)
Do While Not file.AtEndOfStream
  msg = file.ReadLine
  MsgBox msg
Loop
  file.Close
Set file = Nothing
Set fso = Nothing
```

文本文件写入：

```
Function WriteLineToFile
  Const ForReading = 1, ForWriting = 2
  Dim fso, fp
  Set fso = CreateObject ("Scripting.FileSystemObject")
  Set fp = fso.OpenTextFile ( "c:\UFT_file\testfile.txt", ForWriting, True)
```

```
        fp.WriteLine  "Hello world!"
        fp.WriteLine  "VBScript is fun!"
    fp.Close
    set fso=nothing
    set fp=nothing
End Function
WriteLineToFile
```

2. Excel 文件访问

创建 Excel 对象：Set xlApp = CreateObject ("Excel.Application")，通过调用 Excel 对象的方法和属性来操作 Excel 文件。

Excel 读案例：

```
Dim xlApp, xlFile, xlSheet
Dim iRowCount, iLoop, numAdd
Set xlApp = CreateObject ("Excel.Application")
Set xlFile = xlApp.Workbooks.Open ("c:\login.xls")
Set xlSheet = xlFile.Sheets("Sheet1")
iRowCount = xlSheet.usedRange.Rows.Count
For iLoop = 1 To iRowCount
    numAdd = xlSheet.Cells(iLoop,1)
    MsgBox numAdd
Next
xlFile.Close
xlApp.Quit
Set xlSheet = Nothing
Set xlFile = Nothing
Set xlApp = Nothing
```

微课 7.4.10　文本操作

7.5　UFT 功能基础

7.5.1　对象与对象库

UFT 将被测对象分为两种：测试对象与运行时对象。

1. 测试对象

测试对象（Test Object，TO）是测试工程师预先设定的预期对象，脚本录制时自动识别并加入对象库，由 UFT 自动管理。根据测试需要可对其属性进行设置，具有设置属性（SetTOProperty()）与获取属性（GetTOProperty()）两种操作方法。以 OA 系统登录密码对象为例，其在对象库中的存在形式如图 7-3 所示。

根据测试需要，可将其 pwd 属性值设置为更容易识别的值，如 password，则使用设置属性方法如下。

```
browser("OA 登录").Page("OA 登录").WebEdit("pwd").SetTOProperty "name",
"passwor d"
```

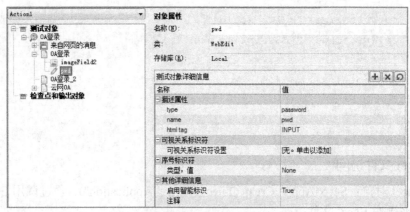

图 7-3   密码对象详细信息

如果需要获得测试对象某个属性值时，可采用 GetTOProperty 方法，同样以 OA 登录用户名对象为例：

```
Namevalue= browser("OA 登录").Page("OA 登录").WebEdit("pwd").GetTOProperty
("name")
    Msgbox Namevalue ' 输出获取到的密码对象名称
```

2. 运行时对象

与测试对象相对的则是运行时对象（Run Object，RO）。运行对象即是实际的被测对象，当脚本设置完成执行测试时，UFT 将运行时对象与对象库中的测试对象进行对比，若能正确识别，则根据脚本设计，执行对应的业务操作，否则报错，无法识别对象或无法完成业务操作，导致测试失败。

运行时对象不支持设置属性方法，只有获取属性方法，即 GetROProperty 方法。

3. 对象库

对象存储库是 UFT 非常重要的一个功能组件。在对象存储库中，测试工程师可进行测试

对象与检查点管理，所有待测对象必须在对象存储库首先存在（描述性编程对象除外）。对象存储库进行测试对象属性值管理，测试过程中识别测试对象，使测试活动顺利开展。

被测试对象操作过程中，被操作的控件会自动被加入到对象库中，然后可以通过对象存储库进行管理。

微课 7.5.1   对象与对象库

7.5.2   录制与回放

UFT 主要有三种录制模式：正常录制、模拟录制、低级录制。

1. 正常录制

正常录制是 UFT 默认的录制模式。这种录制模式是 UFT 最突出的特点，直接操作对象。此类模式继承了对象模型的所有优点，能够充分发挥对象存储库的威力。它通过识别程序中的对象来代替以前依赖识别屏幕坐标的形式。不过正常模式并不能保证识别程序中所有的对象，因此，仍然需要其他两种模式来补充。在录制完之后，不管再次打开的对象位置在哪儿（简单地说就是不具体记录对象控件的坐标，但是被测页面上必须存在该控件对象），它都能执行到。

【案例 7-1　OA 登录操作脚本录制】

（1）单击工具栏上的"录制"按钮或按快捷键 F6，启动录制。

（2）弹出图 7-4 所示的对话框，填写打开 IE 所需要访问的网址，此处填写的是 OA 系统的首页地址，读者可根据自己的实际地址填写。单击"确定"按钮开始录制。

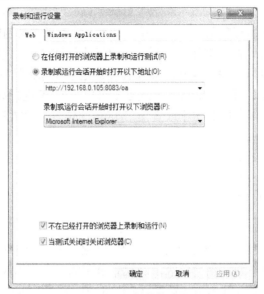

图 7-4　录制参数设置

（3）开始录制，并弹出 IE 打开了设置的 OA 首页，如图 7-5 所示。

图 7-5　录制 OA 系统登录操作

（4）在打开的 IE 窗口，输入"密码"，单击【登录】按钮进行登录，登录完成后停止录制。UFT 自动生成代码如下。

```
Browser("OA 登录").Page("OA 登录").WebEdit("pwd").SetSecure "59f988d82016ed
12654716a7f648eda81463"
Browser("OA登录").Page("OA 登录").Image("imageField2").Click 30,1
Browser("OA登录").Page("云网OA").Frame("bottomFrame").WebArea("http://192.
```

```
168.0.105:8083/oa/i").Click
    Browser("OA 登录").Dialog("来自网页的消息").WinButton("确定").Click
    Browser("OA 登录").Page("OA 登录_2").Sync
    Browser("OA 登录").CloseAllTabs
```

2. 模拟录制

模拟录制模式录制了所有键盘和鼠标的精确操作。对于正常录制模式不能录制到的动作，可以使用模拟录制模式来弥补。例如，录制一个鼠标指针拖动的动作，正常录制模式无法录制这个业务操作，这时可以考虑切换到模拟录制模式记录鼠标指针的轨迹。模拟录制模式录制下来的脚本文件比较大，而且依靠这种方式是不可以由 UFT 进行编辑的。选择模拟录制模式，如果在回放时改变了屏幕的分辨率或者窗口/屏幕的位置，回放就会失败，故这种方法不常用。开启模拟录制模式的方式如下。

（1）开启正常录制模式。

（2）直接使用"Shift+Alt+F3"组合键。

（3）在 UFT 界面上单击模拟录制图标。

3. 低级录制

低级录制模式用来录制 UFT 不能识别的环境或对象。它不仅录制了鼠标和键盘的所有操作，对对象的位置要求也非常严格。低级录制模式录制的对象都以 Windows 和 WinObject 形式存在。UFT 按照屏幕上的 x 坐标和 y 坐标录制该对象，将所有父类对象录制为 Windows 测试对象，将所有的其他对象录制为 WinObject 测试对象。在回放时，对象的坐标有任何一点改变就会失败。这类方式适用于 UFT 不能正常识别对象时的应用，主要是记录坐标的位置，可以对 UFT 不支持的对象进行坐标记录。但是不到万不得已的时候，不推荐使用此模式。开启低级录制模式的方式如下。

（1）开启低级录制模式。

（2）直接使用"Ctrl+Shift+F3"组合键。

（3）在 UFT 界面上单击低级录制图标。

7.5.3 检查点

检查点用来检查被测对象实际运行表现是否与预期结果一致。UFT 中提供了标准检查点、图像检查点、表格检查点、页面检查点、文本/文本区域检查点、位图检查点、数据库检查点等。实际测试过程中，根据实际被测系统采用其中一种或多种检查点方法对期望结果进行检查，一般来说主要对被测系统的关键特征进行检查。例如，如果测试一个登录功能，那么登录成功的特征可能是出现提示语"欢迎你，admin"，则需要脚本自动判断用户是否登录成功，可以采用文本检查点检查系统是否按预期出现了欢迎文本。

1. 标准检查点

"标准检查点"检查桌面程序或者网页中对象的属性值。标准检查点支持各种对象的属性检查，如按钮、文本框、列表等。可以检查在选择单选按钮之后它是否处于激活状态，或者可以检查文本框的值是否与预期一致。

使用方法如下：在录制过程中进行检查点的插入操作：选择"设计"→"检查点"→"标准检查点"命令。

【案例 7-2 检查文本框字符的正确性】

打开 OA 系统的首页，用户名默认填写"admin"。现在使用标准检查点来检查首页打开后，是否正确地填写了用户名"admin"。

（1）启动 UFT 开始录制，录制中打开 OA 首页后，选择"设计"→"检查点"→"标准检查点"命令。

（2）鼠标指针变成手型"🖑"，单击要检查的控件用户名文本框，然后弹出对话框，如图 7-6 所示。

图 7-6 标准检查点设置

（3）单击【确定】按钮，弹出图 7-7 所示的对话框，设置要检查的文本框的"Value"属性为"admin"，当然也可以检查文本框的其他属性。如果检查的内容不是固定的值，可选择参数。

设置完成后，单击【确定】按钮，关闭对话框。

微课 7.5.3-1 检查点-标准检查点

图 7-7 检查点参数设置

设置完成后，生成以下代码。

```
Browser("OA登录").Page("OA登录").WebEdit("name").Check CheckPoint("name")
Browser("OA 登录").Page("OA 登录").WebEdit("pwd").SetSecure "59f98c8246100b
3b29ee84c51a05e1b3800e"
Browser("OA登录").Page("OA登录").Image("imageField2").Click 31,3
```

测试结果如图 7-8 所示。

结果详细信息	✕

标准检查点 "name"：通过

日期和时间： 2017/11/1 - 16:58:31

详细信息

name 结果

属性名	属性值
html tag	INPUT
innertext	
name	name
type	text
value	admin

图 7-8　标准检查点执行结果

微课 7.5.3-2　检查点-图像
检查点

2. 图像检查点

图像检查点检查应用程序或网页中的图像的属性值是否和预期一致。例如，检查所选的图像的 SRC 属性值是否与预期一致。

使用方法如下：在录制过程中进行检查点的插入操作，选择"设计"→"检查点"→"标准检查点"命令。

【案例 7-3　检查图像 SRC 属性的正确性】

OA 系统的首页上，登录按钮就是一张图片，这张图片的 SRC 属性的值是"http://192.168.0.105:8083/oa/images/blogin.gif"。为这张图片增加一个图片检查点，确认在自动化测试过程中此图片的 SRC 属性与预期属性是一致的。

（1）启动 UFT 开始录制，录制中打开 OA 首页后，选择"设计"→"检查点"→"标准检查点"命令。

（2）鼠标指针变成手型"🖐"，单击【登录】按钮，如图 7-9 所示。

图 7-9　图像检查点设置

（3）单击【确定】按钮后，弹出图 7-10 所示的对话框。如果"src"属性值是固定的，则选择"常量"，设置"src"固定的预期值。如果"src"属性值是变化的，则可选择"参数"，使用参数化。

图 7-10　检查点参数设置

（4）设置完成后单击【确定】按钮，生成的代码如下。

```
Browser("OA 登录").Page("OA 登录").Image("imageField2").Check CheckPoint
("imageField2")
Browser("OA 登录").Page("OA 登录").Image("imageField2").Click 31,3
```

（5）运行脚本代码后，测试结果如图 7-11 所示。

图 7-11　图像检查点测试通过

3. 表格检查点

"表格检查点"检查网页上表的内部信息与预期是否一致。

【案例 7-4　检查图书列表标题的正确性】

OA 系统中，导航"公共信息"→"图书管理"→"查询图书"
功能，默认加载页面是一个表格，如图 7-12 所示。

微课 7.5.3-3　检查点-表格
检查点

（1）启动 UFT 开始录制，登录到 OA 系统中，并且进行"查
询图书"操作，返回查询结果。选择"设计"→"检查点"→"标准检查点"命令。

（2）鼠标图标变成手型"👆"，单击要检查的表格，如图 7-13 所示。

图 7-12　图书信息列表

图 7-13　表格检查点

（3）选中 "WebTable：图书类别"，单击【确定】按钮，显示图 7-14 所示的窗口。

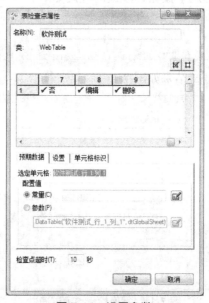

图 7-14　设置参数

（4）如果列标题是固定的，则选择 "常量"，设置期望标题。如果标题是变化的，则可选择 "参数"，使用参数化。单击【确定】按钮，生成如下代码。

```
Browser("OA 登录").Page("云网 OA").Frame("mainFrame_2").WebTable("软件测试").Check CheckPoint("软件测试")
```

（5）运行代码，测试结果如图 7-15 所示。

4. 页面检查点

页面检查点用来检查网页特性。例如，检查网页访问所需要的实际、网页的图片数、网页的链接数等内容。

图 7-15　表格检查点运行结果

使用方法如下：在录制过程中进行检查点的插入操作，即单击"设计"→"检查点"→"标准检查点"命令。

【案例 7-5　检查登录页面图片数量的正确性】

验证 OA 登录页在测试过程中页面的图片数量是否与预期的一致。

（1）启动 UFT，开始录制，打开 OA 系统首页，单击 UFT "设计"→"检查点"→"标准检查点"命令。

微课 7.5.3-4　检查点-页面检查点

（2）鼠标图标变成手型 "🖑"，单击要检查的页面，如图 7-16 所示。

（3）选择 "Page：云网 OA" 命令，单击【确定】按钮，弹出图 7-17 所示的对话框。

图 7-16　插入页面检查点

图 7-17　页面检查点设置

（4）选择检查项 "number of images"，期望结果是页面中有 535 张图片。单击【确定】按钮，生成如下代码。

```
Browser("OA登录").Page("云网 OA").Check CheckPoint("云网 OA")
```

（5）运行测试代码，测试结果如图 7-18 所示。

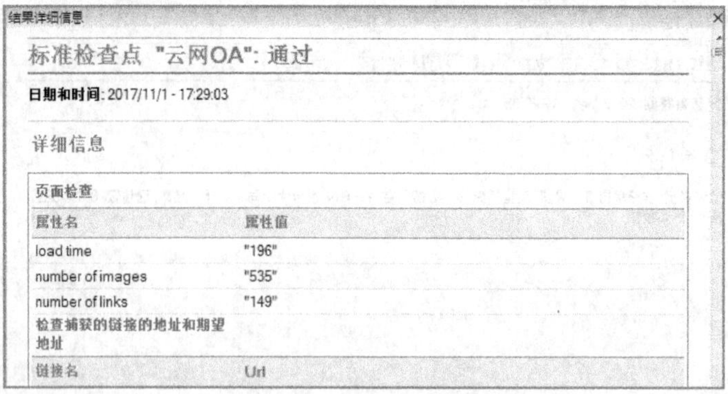

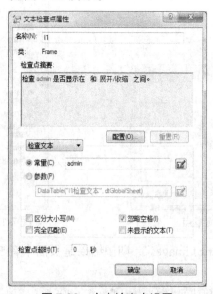

图 7-18　页面检查点测试

微课 7.5.3-5　检查点-文本
检查点

5. 文本检查点

文本检查点主要用于检查文本字符串是否显示在应用程序或网页的适当位置。

使用方法如下：在录制过程中进行检查点的插入操作，选择"设计"→"检查点"→"文本检查点"命令。

【案例 7-6　检查登录昵称的正确性】

图 7-19　OA 系统登录用户显示

登录 OA 系统后，系统会显示当前登录用户名称，如图 7-19 所示。

下面通过设置 UFT "文本检查点"来确认登录后是否能显示当前登录名 "admin"字符串。

（1）启动 UFT，录制 OA 登录过程，成功登录到 OA 系统后，选择"设计"→"检查点"→"文本检查点"命令。

（2）鼠标图标变成手型"👆"，单击要检查的字符串"admin"，如图 7-20 所示。

图 7-20　文本检查点设置

（3）设置要检查的字符串"admin"，如果检查的字符串是变化的，可以使用"参数"选项。设置完成后单击【确定】按钮，关闭对话框。代码如下所示。

```
Browser("OA登录").Page("云网OA").Frame("I1").Check CheckPoint("I1")
```

对象库中显示检查点信息如图 7-21 所示。

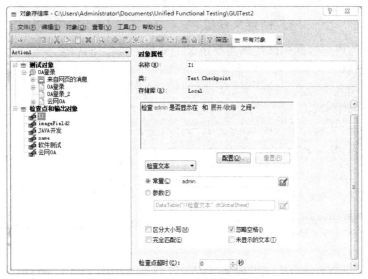

图 7-21　对象库中检查点信息

（4）运行生成的代码文件，测试结果如图 7-22 所示。

图 7-22　文本检查点检查结果

如果使用用户名"t0001"登录，则该文本检查点验证失败，如图 7-23 所示。

图 7-23　文本检查点失败界面

以上是 UFT 常用的检查点设置，还有位图检查点、数据库检查点等，因与本次 OA 系统自动化测试关系不大，故不多做介绍。

7.5.4 变量

UFT 测试过程中，当需要使用不同的测试数据模拟更真实的业务流程时，可使用参数化功能将常量变量化。UFT 中的变量通常分为两种：自定义变量与环境变量。

1. 自定义变量

自定义变量为用户根据测试代码需要定义的变量，如以下代码。

```
Option explicit
Dim absx,absy
'显示位置正确性测试
absx=dialog("Login").GetROProperty("abs_x")
absy=dialog("Login").GetROProperty("abs_y")
If absx=480 and absy=298 Then
    reporter.ReportEvent micPass,"显示位置正确性测试","窗口显示位置正确"
else
    reporter.ReportEvent micFail,"显示位置正确性测试","窗口显示位置错误"
End If
```

absx 与 absy 即是用户自定义获取登录窗口在终端显示的 x 与 y 坐标的变量。

测试人员在自定义变量时，与其他编程语言一样，需首先声明该变量，然后再使用（虽然 VBScript 语言支持不定义直接使用，但最好不要这么做）。

2. 环境变量

除自定义变量外，UFT 还提供环境变量供用户选用。环境变量分为两种：一种是自定义环境变量，另一种则是内建环境变量。

环境变量设定功能在 UFT 菜单"文件"下的"设置"中，如图 7-24 所示。

图 7-24 环境变量设置

（1）自定义环境变量

当需要利用环境变量来传递数据信息时，可进行该变量的创建及使用。在"变量类型"中选择"用户定义"，出现图 7-25 所示的界面。

环境

变量类型：	用户定义 ▼		＋ ✕ ✎
名称	值		类型

导出(X)... 单击以将用户定义的环境变量导出到 XML 文件中

☐ 从外部文件加载变量和值(L)

文件：

图 7-25 用户自定义环境变量

【案例 7-7 自定义环境变量 booktype】

针对 OA 系统新建图书类别功能，测试工程师可创建自定义环境变量 booktype，单击图 7-25 所示的界面中的 ＋，出现图 7-26 所示的界面。

在"名称"处输入自定义环境变量的名称，如此处的"booktype"，在"值"中输入对应的变量值，如"软件测试"，确认无误后单击【确定】按钮即完成用户自定义变量。

为了方便其他脚本调用该自定义环境变量，测试工程师可利用"导出"功能将自定义的环境变量保存为 xml 格式的文件。此处定义的图书类别保存为 xml 格式后的内容如下。

图 7-26 添加自定义环境变量

```
<Environment>
    <Variable>
        <Name>booktype</Name>
        <Value>软件测试</Value>
    </Variable>
</Environment>
```

当其他测试脚本需要调用时，仅需在图 7-25 中勾选"从外部文件加载变量和值"，导入自定义环境变量的 xml 文件即可。

（2）内建环境变量

除了自定义环境变量外，UFT 还提供了 21 个内建变量，如图 7-27 所示。

内建环境变量中，测试工程师需要获取当前测试脚本所在路径，可利用"TestDir"变量。如果需要获取当前操作系统信息，可利用"OS"变量。读者可查阅 UFT 帮助，了解每个内建环境变量具体含义。

图 7-27　UFT 内建环境变量

在了解 UFT 环境变量图形设置方法后，下面看看如何使用这些环境变量。不论是用户自定义环境变量，还是内建变量，如果在代码中调用的话，则需通过 Environment 对象的相关方法进行操作。

（3）Environment 对象

Environment 包括 ExternalFileName、LoadFromFile、Value 三个属性。

① ExternalFileName 属性

该属性返回在"测试设置"或"业务组件设置"对话框的"环境"选项卡中指定的已加载外部环境变量文件的名称。如果没有加载外部环境变量文件，则返回一个空字符串。其使用语法如下。

```
Environment.ExternalFileName
```

【案例 7-8　登录功能读取 Environment 测试数据】

假设 OA 系统登录功能中的用户名及密码使用环境变量文件为 logindata.xml。测试工程师在调用 logindata.xml 环境变量时，首先利用 ExternalFileName 属性检查是否加载了环境变量 logindata.xml 文件，如果没有加载，则进行加载，然后显示用户名及密码值。

```
Dim logindata
logindata = Environment.ExternalFileName
If (logindata = "") Then
    Environment.LoadFromFile("D:\oa\testdata\logindata.xml")
End If
'显示用户名及密码值
msgbox Environment("username")
msgbox Environment("password")
```

其中 logindata.xml 格式如下。

```
<Environment>
    <Variable>
        <Name>password</Name>
        <Value>111111</Value>
    </Variable>
    <Variable>
```

```
            <Name>username</Name>
            <Value>admin</Value>
        </Variable>
    </Environment>
```

② LoadFromFile 方法

该方法用来加载指定的环境变量文件。环境变量文件必须是使用以下语法的 XML 文件。

```
<Environment>
        <Variable>
                <Name> EnvironmentName</Name>
                <Value> EnvironmentValue</Value>
        </Variable>
</Environment>
```

LoadFromFile 的使用语法如下。

```
Environment.LoadFromFile(Path)
```

Path 是需加载的环境变量文件路径，如上例中的 "D:\oa\testdata\logindata.xml"。

【案例 7-9　加载 XML 文件读取环境数据】

以加载登录环境变量 logindata.xml 为例，代码如下。

```
Environment.LoadFromFile("D:\oa\testdata\logindata.xml")
```

③ Value 属性

期望设置或获取的环境变量值。测试工程师可以根据需要获取任何自定义或内建的环境变量值。但需注意的是，仅能对自定义的环境变量进行赋值操作，内建变量仅只读。

Value 属性的使用语法如下。

```
'设置自定义变量值
Environment.Value(VariableName) = NewValue
'获取已加载的环境变量的值：
CurrValue = Environment.Value (VariableName)
```

【案例 7-10　环境变量读取并显示】

设置自定义环境变量 "booktype" 值为 "探索性测试"，然后将 "booktype" 的值输出，代码如下。

```
Environment.Value("booktype")="探索性测试"
Ebooktype =Environment.Value("booktype ")
Msgbox Ebooktype
```

7.5.5　描述性编程

测试工程师在录制脚本时，UFT 会自动将被测对象添加到对象库中。只要对象存在于对象库中，测试工程师可在专家视图中使用该对象进行手动添加脚本。在脚本中，UFT 一般使用对象的名称作为对象描述。

【案例 7-11　密码输入框描述性编程】

OA 系统登录页面中的密码输入框的属性名为 "pwd"。这个编辑框位于页面 "OA 登录" 之上，同时该页面又属于名为 "OA 系统" 的浏览器。

```
Browser("OA 系统").Page("OA 登录").WebEdit("pwd").Set "111111"
```

对象库中对象的名称是唯一的，因此测试工程师只要在脚本中指定对象的名称即可。UFT 根据指定的对象名称以及它的父对象在对象存储库中找到该测试对象，然后根据对象库中对象的详细描述从被测试程序中查找并识别运行时对象。

当然，利用对象存储库进行对象识别并不是唯一的对象识别渠道，UFT 提供了根据对象的属性及属性值识别对象的方法，一般称之为描述性编程。

当对象不存在于对象存储库之中，而测试工程师又希望操作该对象时，编程性描述就非常有用。如果有多个对象，它们具有某些相同的属性，通过编程性描述，则可以在这些对象上进行相同的操作，或者某个对象的属性无法确定，需要在运行过程中指定，测试工程师也可使用编程性描述对该对象进行操作。

UFT 中编程性描述有两种方法：一是在代码中直接列出对象的属性及属性值；二是使用 Description 对象。

1．直接描述法

在语句中不使用对象的名称，直接对对象的属性及属性值直接列举。通常语法如下。

```
TestObject("PropertyName1:=PropertyValue1","…","PropertyNameN:=PropertyValueN")
```

TestObject：测试对象类名。

PropertyName:=PropertyValue：测试对象属性及值。每对 property:=value 用双引号标记，并用逗号隔开。PropertyValue 可以是常量，也可是变量。

【案例 7-12　OA 登录功能直接描述性编程】

针对 OA 系统登录功能的直接描述法代码如下。

```
Browser("OA 登录").Page("title:=OA 登录").WebEdit("name:=name").Set "admin"
Browser("OA 登录").Page("title:=OA 登录").WebEdit("name:=pwd").Set "111111"
Browser("OA 登录").Page("OA 登录").Image("image type:=Image Button").Click
27,5
```

需要注意的是，某个对象使用了描述性编程方法进行操作时，该对象及其子对象都必须使用描述性编程，否则会出现对象无法识别的错误。以上述代码为例，如果改成下列代码则会出错，name 及 pwd 两个对象无法识别，如图 7-28 所示。

```
Browser("OA 登录").Page("title:=OA 登录").WebEdit("name").Set "admin"
Browser("OA 登录").Page("title:=OA 登录").WebEdit("pwd").Set "111111"
Browser("OA 登录").Page("OA 登录").Image("image type:=Image Button").Click
27,5
```

图 7-28　描述性编程错误示例

2．Description 对象

除了使用直接描述法来识别对象外，还可使用 Description 对象进行识别。

Description 对象返回一个 Properties collection 对象,该集合对象包括一系列 Property 对象。每个 Property 对象由 Property name 及 value 组成。设置完成后在语句中用 Properties collection 对象替代被测对象的名称即可。

创建 Properties collection,使用 Description Create 语句,语法如下。

```
Set DesObject = Description.Create()
```

【案例 7-13　OA 登录功能 Description 编程】

OA 系统登录功能使用 Description 对象识别代码如下。

```
Set username = Description.Create()
username("name").Value = "name"
Set password = Description.Create()
password("name").Value = "pwd"
Browser("OA登录").Page("OA登录").username.Set "admin"
Browser("OA登录").Page("OA登录").password.Set "111111"
Browser("OA登录").Page("OA登录").Image("Image Button").Click 27,5
```

通过 Description 对象的 ChildObjects 方法,可以获取指定对象下的所有子对象,或只获取那些符合编程性描述的子对象。例如,测试工程师需批量勾选复选框时,即可利用 ChildObjects 方法。

Description 对象 ChildObjects 语法如下。

```
Set MySubSet=TestObject.ChildObjects(MyDescription)
```

微课 7.5.5　描述性编程

【案例 7-14　图书借阅全选功能代码】

利用 UFT 选中 OA 系统图书借阅功能中的所有选择框。

```
Set checkboxobj = Description.Create()
checkboxobj ("html tag").Value = "INPUT"
checkboxobj ("type").Value = "checkbox"
Set Checkboxes = browser("OA 登录 ").Page(" 云 网 OA").Frame("mainFrame").
ChildObjects(checkboxobj)
NoOfcheckboxObj = Checkboxes.Count
For Counter=0 to NoOfcheckboxObj -1
        Checkboxes(Counter).Set "ON"
Next
```

7.6　UFT 高级应用

掌握 VBS 编程基本知识及 UFT 操作后,可对 OA 系统中的功能模块设计自动化测试脚本。以该系统中的添加图书功能模块为例,运用 UFT 实施自动化功能测试。

7.6.1　脚本开发流程

针对不同系统的业务复杂度、系统规模、系统架构、系统平台、项目进度等因素,一般来说,自动化测试会采取不同的流程、开发策略。比如小型系统因为产品开发周期比较短或者版本不多,一般来说强调的是快速开发,那么一般会采用录制脚本、增强脚本方式。

如果是大型的、长期的产品,那么自动化测试强调的是脚本的重用、自动化测试扩展性、易维护性，可能会考虑设计一些适合的自动化框架。目前较为流行的自动化测试框架主要有两大类型：一种是实现测试功能的框架，如 HP 的 BPT；另一种是管理测试的框架，本身无法完成测试，如 IBM 的 Robot，实施自动化测试需整合其他资源，或较为流行的是 Selenium 实现自动化测试。从执行实现角度来看，目前较为流行的有两种：数据驱动、关键字驱动。

本节采用 OA 系统的"图书管理功能"来实践自动化测试脚本的开发。此处采用录制脚本、数据驱动框架实现短平快方式进行自动化脚本的开发。

7.6.2　录制开发脚本

1．IE 设置

（1）启动 IE 浏览器。

（2）选择"工具"→"internet 选项"命令。

（3）单击选项页的"内容"，单击"自动完成"项下的【设置】按钮。

（4）取消勾选窗口上的复选框"地址栏""表单""表单上的用户名和密码"，如图 7-29 所示。

图 7-29　IE 设置自动完成功能设置

2．录制脚本

（1）启动 UFT，弹出插件管理窗口，选择插件"Web"选项，如图 7-30 所示。

微课 7.6.2　录制开发脚本

图 7-30　选择需加载的插件

（2）单击【确定】按钮，启动 UFT。

（3）单击"文件"→"新建"→"测试"命令，新建一个 UFT 测试脚本。

（4）单击工具栏上的"录制"按钮或使用快捷键 F6，弹出录制对话框，设置被测对象 URL。确定后开始录制。录制后生成代码如下。

```
Browser("OA 登录").Page("OA 登录").WebEdit("pwd").SetSecure "59f99f3403774c
68d2281f27831b7f9054e9"
Browser("OA登录").Page("OA登录").Image("imageField2").Click 22,0
Browser("OA登录").Page("云网OA").Frame("I1").Link("图书添加").Click
Browser("OA登录").Page("云网OA").Frame("mainFrame").WebEdit("bookNum").Set
"ISBN1234"
Browser("OA 登录").Page("云网 OA").Frame("mainFrame").WebEdit("bookName").
Set "软件测试大全"
Browser("OA 登录").Page("云网 OA").Frame("mainFrame").WebList("typeId").
Select "软件测试"
Browser("OA 登录").Page("云网 OA").Frame("mainFrame").WebEdit("author").Set
"森林一木"
Browser("OA 登录").Page("云网 OA").Frame("mainFrame").WebEdit("price").Set
"50"
Browser("OA 登录").Page("云网 OA").Frame("mainFrame").WebEdit("pubHouse").
Set "人民邮电出版社"
Browser("OA 登录").Page("云网 OA").Frame("mainFrame").WebEdit("brief").Set
"全面介绍软件测试相关知识。"
Browser("OA登录").Page("云网OA").Frame("mainFrame").Image("calendar").Click
Browser("OA登录").Page("云网OA").Frame("mainFrame").WebButton("确定").Click
Browser("OA登录").Dialog("来自网页的消息").WinButton("确定").Click
Browser("OA登录").Page("云网OA").Frame("bottomFrame").WebArea("http://192.
168.0.105:8083/oa/i").Click
Browser("OA登录").Dialog("来自网页的消息").WinButton("确定").Click
Browser("OA登录").Page("OA登录_2").Sync
Browser("OA登录").CloseAllTabs
```

7.6.3　优化增强脚本

1. 对象库对象管理

（1）修改对象库对象名称

脚本录制完成以后，对象库中的控件名称都是工具根据 OA 系统控件直接命名的。这样的命名极不规范，为后期的脚本开发和维

微课 7.6.3　优化增强脚本

护带来不少麻烦，所以需要对对象库中的控件名称进行整理和重新命名。单击工具栏中的"资源"→"对象存储库"命令，对象库资源列表如图 7-31 所示。

下面把控件都统一使用中文命名，并且都根据控件的实际作用命名为有意义的名称，经过重新整理和命名，优化后的对象库资源列表如图 7-32 所示。

控件名字修改后，录制的代码中的控件名称也会同步被更新，所以不需要手工去修改。

图 7-31　对象库资源列表

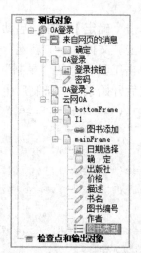

图 7-32　优化后的对象库资源列表

（2）拆分 Action

上面录制的自动化脚本代码全部包含在"Action1"中，其中包括登录、打开添加图书页面、添加图书等操作。如果所有的操作代码都存放在一个 Action 中，代码会过长，另外也不方便维护，那么就需要进行 Action 的拆分。不同的操作代码放在不同的 Action 中。此处代码拆分为三个 Action：登录、添加图书、退出。

① 右键单击当前 Action，在弹出的快捷菜单中，选择"重命名"。修改"Action1"为"Login"。

② 新建 Action，命名为"AddBook"，将 Login 关于添加图书的代码剪切到"AddBook"中。用类似的方法，创建"Logout"Action。创建完成后的 Action 列表如图 7-33 所示。

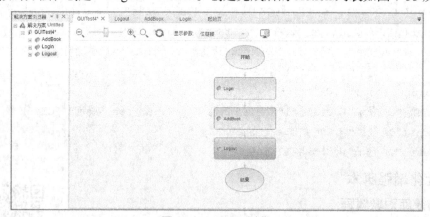

图 7-33　Action 划分

（3）导出共享对象库

拆分 Action 完成以后，回放脚本，脚本"Login"中的代码成功执行，但运行"AddBook"中代码时，弹出错误提示框，如图 7-34 所示。查看错误，可以确定错误是由于对象库中缺少"OA 登录"对象导致的。

在"对象存储库"中，只有"Login"中存在对象，而"AddBook""Logout"中没有任何对象。上面的错误就是这个原因导致的，因为在划分"AddBook""Logout"时 UFT 并没有自动将对象复制过去，导致执行脚本时，对象找不到。

图 7-34   运行错误提示

解决上面的对象问题，需要在"AddBook""Logout"中添加对象。但如果为每一个 Action 创建一个对象库，那么对象库会异常庞大和复杂，维护工作将很艰难。那么如何解决这个问题呢？UFT 提供了共享对象库的功能，所有的 Action 使用一个共享对象库，这样就可以缩减对象库容量，也便于对象库的维护。

使用共享对象库，首先需将已有对象导出来。

① 选择"资源"→"对象存储库"→"文件"→"导出本地对象"命令，导出的对象库命名为"bookaddtsr.tsr"，本脚本所有需要的对象文件保存在此文件中，如图 7-35 所示。

图 7-35   导出对象文件

② 设置脚本中所有 Action 关联此共享对象库文件。单击"对象存储器"工具栏上的图标，弹出图 7-36 所示的窗口。

图 7-36   关联对象库

③ 单击 ➕，在弹出的文件浏览窗口中选择共享对象库文件"bookaddtsr.tsr"。然后把脚本中所有的 Action 与此共享库文件关联，关联后如图 7-37 所示。

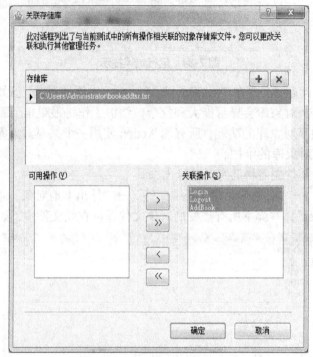

图 7-37　关联对象库到所有 Action

关联完成以后，再次运行脚本，脚本可以运行。

2. 数据驱动

回放上一节的脚本运行，脚本运行过程不会出错，但是最后会提示"添加的图书编号已经存在"。这是什么原因呢？OA 系统的添加图书对图书 ID 有唯一性的约束，所以图书 ID 是不能重复的，但是在上面的自动化脚本中图书 ID 都是写在代码中的，那么如果添加图书成功，就必须修改图书 ID。实际其他的如"图书名称""出版社"等内容也存在相似问题，在测试过程中不可能添加的图书名称等内容都是一样的，说明上面的脚本实际还不能满足自动化测试的需要，需要对脚本做进一步优化。

添加图书时，脚本输入的"图书编号""图书名称"这一类信息实际是测试工程师需要输入的测试数据，不同的测试用例输入的测试数据是不同的。如何避免因为测试数据的不同而编写重复的编写代码呢？解决方法就是测试数据与测试代码的分离，使用 UFT 提供的数据驱动框架。

下面以用户登录功能为例，说明参数化过程。

（1）数据表参数化

① 切换到数据表视图中的"Login"表单，如图 7-38 所示。

② 双击表格的列名，修改列名为"username""password"。录入登录所需的用户名和密码数据，如图 7-39 所示。

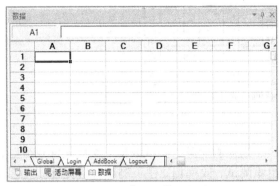

图 7-38 "Login"数据表

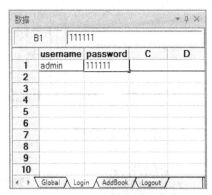

图 7-39 参数化登录信息

（2）读取测试用例

目前已经改造为测试数据录入表格中。但前面录制的脚本测试数据还是写在代码中。下面就需要改造测试脚本代码，调整为代码从 Datatable 中读取测试数据，然后执行测试。

"Login"代码改造如下。

```
'原代码
'Browser("OA登录").Page("OA登录").WebEdit("密码").SetSecure "548c3badfc2fbb
740a13024b20164331630c"
'Browser("OA登录").Page("OA登录").Image("登录").Click 30,6
'更新代码
Browser("OA 登录").Page("OA 登录").WebEdit("密码").Set datatable("password",
"Login")
Browser("OA 登录").Page("OA 登录").Image("登录").Click 30,6
```

3. 测试数据分离

通过前面的脚本优化，脚本基本可以达到测试的目的。但是脚本对于维护方面做得还不是很到位。例如，目前测试用例是写在 UFT 的 Datatable 中的，那么就要求测试用例编写人员安装 UFT 软件，并且每次维护测试用例都要启动 UFT，非常麻烦。本身测试用例及测试数据与 UFT 是没有必要的联系的。那么下面进一步对脚本做优化，把测试用例提取到 UFT 外部。

右键单击数据表，选择"文件"→"导出"命令，在弹出的窗口设置导出的文件名为"testCase"，保存到当前 UFT 脚本的工程目录下。打开 testCase.xls 文件，会发现 Datatable 中的内容已经全部导出到此文件中，那么后边的所有测试用例就可以在这个文件中进行维护。测试过程需要调用时，可通过如下代码加载。

```
'导入外部 Excel 中的测试用例
Datatable.Import "testCase.xls"
```

7.7 自动化测试实施

以 OA 系统增加图书类别功能为例，利用 UFT 实施自动化测试流程如图 7-40 所示。

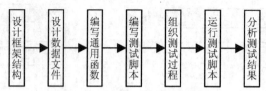

图 7-40　自动化测试实施流程

7.7.1　设计框架结构

微课 7.7.1　设计框架结构

常规自动化测试，当被测业务、测试数据、测试文件较少时，可以利用单个脚本组织测试，效率相比手工测试有所提升。但随着测试工作量加大，传统单功能、单脚本模式无法更有效地完成测试，因此需根据被测对象的实际情况，设计相对合理的测试框架结构，优化测试组织。

本书以 OA 系统图书管理业务中添加图书类别功能为例，介绍 UFT 在 Web 项目中自动化测试应用。首先设计如下自动化测试框架结构。

1. Testcase

存放测试过程中所需的测试用例，测试数据从 UFT 中分离出来，通过 datatable 函数实现数据交互。

2. Commonlib

存储测试过程中所需的通用脚本文件，如文件夹生成函数、加载测试用例函数、加载对象库函数、启动测试环境函数等。

3. Testscript

存储测试脚本，如图书类别添加函数、登录函数、自动化启动函数等。

4. testresult

存放测试结果，如测试日志、截屏等文件。

5. testobject

存放测试过程所需的测试对象，如应用程序或共享对象库文件等。

微课 7.7.2　设计数据文件

7.7.2　设计数据文件

测试设计以测试用例、测试配置文件设计为主。本书实施的自动化测试对象，主要涉及登录账号、添加图书类别用例。其格式如表 7-6、表 7-7 所示。

表 7-6　登录账号测试用例

username	password	expectvalue	actualvalue	testresult
admin		请输入密码		
admin	admin	密码错误		
admin	111111			

表 7-7　图书类别添加用例

typename	expectvalue	actualvalue	testresult
	类别名称不能为空		
ssss	操作成功!		

通常将正确的用例数据放在最后一行。

7.7.3　编写通用函数

本次测试主要设计文件夹生成函数、加载测试用例函数、加载对象库函数、启动测试环境函数四个通用函数。

微课 7.7.3　编写通用函数

【案例 7-15　文件夹生成脚本-genfolder.vbs】

```
Option Explicit
Sub genfolder(folderpath)
    Dim fso,f
    Dim blfolderexist
    Set fso=CreateObject("Scripting.filesystemobject")
    blfolderexist=fso.FolderExists(folderpath)
    If blfolderexist Then
    '    MsgBox folderpath&"已经存在"
        fso.DeleteFolder(folderpath)
    End If
    Set f=fso.CreateFolder(folderpath)
    Set fso=Nothing
End Sub
```

【案例 7-16　加载测试用例脚本-loadcase.vbs】

```
Sub loadcase(casepath,casename)
    Dim fso
    Dim blcaseexist
    Set fso=createobject("scripting.filesystemobject")
    blcaseexist=fso.FileExists(casepath)
    If blcaseexist Then
        datatable.ImportSheet casepath,casename,"Action1"
    else
        reporter.ReportEvent micFail,"OA 系统测试","测试用例不存在"
        ExitTest
    End If
    Set fso=nothing
End sub
```

【案例 7-17　加载对象库脚本-loadtsr.vbs】

```
Sub loadtrs(tsrname)
    repositoriescollection.RemoveAll
    repositoriescollection.Add tsrname
End Sub
```

【案例 7-18　启动测试环境脚本-openapp.vbs】

```
Sub OpenApp(AppName,AppPath,AppParam)
    Dim gobj,wsh,proc
    Dim i
        on error resume next
    set gobj=getobject("winmgmts:\\.\root\cimv2")
    set wsh=createobject("wscript.shell")
    set proc=gobj.execquery("select * from win32_process where name="&"'"&AppName&"'")
    for each i in proc
        systemutil.CloseProcessByName(AppName)
        wscript.quit
    Next
    systemutil.Run AppPath,AppParam
End Sub
```

7.7.4　编写测试脚本

本次测试脚本主要有图书类别添加函数、登录函数、自动化启动函数三个脚本。

【案例 7-19　图书类别添加脚本-booktypeadd.vbs】

```
Dim casecount,i
Dim btname
casecount=datatable.GetSheet("Action1").GetRowCount
'进入系统
Browser("OA 登录").Page("OA 登录").WebEdit("pwd").Set "111111"
Browser("OA 登录").Page("OA 登录").Image("imageField2").Click 13,1
'进入图书管理界面
Browser("OA 登录").Page("云网 OA").Frame("I1").Link("图书类别").Click
'添加图书类别
For i = 1 To casecount
    btname=datatable("typename","Action1")
    Browser("OA 登录").Page("云网 OA").Frame("mainFrame_2").WebEdit("name").
Set btname
    Browser("OA 登录").Page("云网 OA").Frame("mainFrame_2").WebButton("添 加").
Click
    If browser("OA 登录").Dialog("来自网页的消息").Exist(3) Then
        expectvalue=datatable("expectvalue","Action1")
        actualvalue=browser("OA 登录").Dialog("来自网页的消息").Static
```

140

```
("submitmsg").GetROProperty("text")
        If expectvalue=actualvalue Then
            reporter.ReportEvent micPass,"图书类别添加功能测试","通过"
            datatable("testresult","Action1")="Pass"
        else
            reporter.ReportEvent micFail,"图书类别添加功能测试","不通过"
            datatable("testresult","Action1")="Fail"
            datatable("actualvalue","Action1")=actualvalue
            browser("OA 登录").Dialog("来自网页的消息").CaptureBitmap
    "C:\oabookat\testpic\defect.bmp"
        End If
        browser("OA 登录").Dialog("来自网页的消息").WinButton("确定").Click
    else
        reporter.ReportEvent micFail,"图书类别添加功能测试","系统无响应"
    End If
    datatable.GetSheet("Action1").SetNextRow
  Next
  '   browser("OA 登录").Dialog("来自网页的消息").WinButton("确定").Click
    Browser("OA 登录").Page("云网 OA").Frame("bottomFrame").WebArea
("http://192.168.0.105:8083/oa/im").Click
    Browser("OA 登录").Dialog("来自网页的消息").WinButton("确定").Click
    Browser("OA 登录").Page("OA 登录").Sync
    Browser("OA 登录").CloseAllTabs
```

【案例 7-20　登录脚本-login.vbs】

```
'datatable.ImportSheet "C:\oabookat\testcase\oatestcase.xlsx",1,"Action1"
Dim casecount,i
Dim username,password
casecount=datatable.GetSheet("Action1").GetRowCount
For i = 1 To casecount
    username=datatable("username","Action1")
    password=datatable("password","Action1")
    browser("OA 登录").Page("OA 登录_2").WebEdit("name").Set username
    browser("OA 登录").Page("OA 登录").WebEdit("pwd").Set password
    browser("OA 登录").Page("OA 登录").Image("imageField2").Click 20,2
    If browser("OA 登录").Dialog("msg").Exist(3) Then
        expectvalue=datatable("expectvalue","Action1")
        actualvalue=browser("OA 登录").Dialog("msg").Static("loginmsg").
GetROProperty("text")
        If expectvalue=actualvalue Then
```

```
                reporter.ReportEvent micPass,"login test","测试通过"
                datatable("testresult","Action1")="Pass"
            else
                reporter.ReportEvent micFail,"login test","测试失败"
                datatable("actualvalue","Action1")=actualvalue
                datatable("testresult","Action1")="Fail"
            End If
        browser("OA登录").Dialog("msg").WinButton("确定").Click
        else
            If browser("OA登录").Page("云网OA").Exist(3) Then
                currentid=datatable.GetSheet("Action1").GetCurrentRow
                if currentid=casecount then
                    reporter.ReportEvent micPass,"Login test","测试通过"
                    datatable("testresult","Action1")="Pass"
                    browser("OA 登 录 ").Page(" 云 网 OA").Frame("bottomFrame").
WebArea("http://192.168.0.105:8083/oa/image").Click
                    browser("OA登录").Dialog("msg").WinButton("确定").Click
                    browser("OA登录").Page("OA登录").Sync
                    browser("OA登录").CloseAllTabs
                else
                    reporter.ReportEvent micFail,"login test","测试失败"
                    datatable("testresult","Action1")="Fail"
                End If
            else
                reporter.ReportEvent micFail,"login test","输入测试数据，系统无响应"
            End if
        End If
        datatable.GetSheet("Action1").SetNextRow
    next
    datatable.Export "c:\testresult.xlsx"
```

【案例 7-21　自动化启动脚本-oaqt.vbs】

```
Dim qtapp
Set qtapp=CreateObject("quicktest.application")
qtapp.Launch
qtapp.Visible=True
qtapp.Open "C:\oabookat\testscript\OAController"
qtapp.Test.Run
qtapp.Quit
Set qtapp = Nothing
```

【案例 7-22　测试环境初始化脚本-oacontroller.vbs】

```
'1. 目录生成
Dim testpath
testpath=environment.Value("TestDir")
testpaths=split(testpath,"testscript")
'msgbox testpaths(0)
executefile testpaths(0)&"commonlib\genfolder.vbs"
genfolder testpaths(0)&"testlog"
genfolder testpaths(0)&"testpic"
'2. 测试用例加载
'判断测试用例是否存在
executefile testpaths(0)&"commonlib\loadcase.vbs"
'3. 日志生成
'4. 应用程序启动
executefile testpaths(0)&"commonlib\openapp.vbs"
openapp "iexplore.exe","iexplore.exe","http:// 192.168.0.105:8083/oa"
'5. 测试对象加载
executefile testpaths(0)&"commonlib\loadtsr.vbs"
loadtrs testpaths(0)&"testobject\login.tsr"
loadcase testpaths(0)&"testcase\oatestcase.xlsx","Login"
executefile "C:\oabookat\testscript\login.vbs"
loadcase testpaths(0)&"testcase\oatestcase.xlsx","BookType"
openapp "iexplore.exe","iexplore.exe","http://192.168.0.105:8083/oa"
loadtrs testpaths(0)&"testobject\booktype.tsr"
executefile "C:\oabookat\testscript\booktypeadd.vbs"
```

7.7.5　组织测试过程

上述所有文件存在框架结构的不同目录下，因为需要用 UFT 进行对象的识别及运行，因此在 UFT 中仍需执行相关代码。但因大部分处理函数已经封装，故在 UFT 中仅需调用"oacontroller.vbs"即可。

打开 UFT，创建一个空脚本，在脚本中输入以下代码。

```
executefile "C:\oabookat\testscript\oacontroller.vbs"
```

保存即可。

7.7.6　运行测试脚本

设置好整个框架结构，运行脚本即可。脚本运行不在 UFT 中，利用"自动化启动脚本-oaqt.vbs"调用 UFT 执行。

7.7.7　分析测试结果

执行完成后，根据测试报告进行测试分析，查看过程中是否有缺陷产生。执行完成后，可看到测试结果与预期的执行效果一致，结果报告如图 7-41、图 7-42 所示。

数据					
	username	password	expectvalue	actualvalue	testresult
1	admin	qqqq	密码不正确！	登录失败！	Fail
2	admin	111111			Pass

图 7-41　登录用例执行结果

数据				
	typename	expectvalue	actualvalue	testresult
1		名称不能为空！	名称不能为空！	Fail
2	软件测试	该图书已存在!	该图书已存在!	Pass
3	xxxc	操作成功！	操作成功！	Pass

图 7-42　图书类别添加用例执行结果

实训课题

1. 利用 VBS 编程，实现文本文件读取。
2. 利用 VBS 编程，实现 Excel 文件单元格数据循环读取。
3. 通过 UFT 内建环境变量，获取测试脚本所在路径，并在上级生成 testresult 目录。
4. 利用 UFT 实现数据驱动自动化测试框架。

第 8 章 性能测试实施

本章要点

本章以实际的项目案例讲解如何开展性能测试，运用 LoadRunner 进行性能测试的设计与执行，最终利用 LoadRunner 的 Analysis 功能进行结果分析并定位问题。通过本章学习，读者能够掌握常用 Web 系统性能测试方法及结果分析方法，具备独立开展性能测试工作的能力。

学习目标

1. 掌握性能测试基本原理。
2. 掌握性能测试需求分析常用方法。
3. 掌握性能测试脚本用例与场景用例设计。
4. 掌握 LoadRunner 性能测试工具脚本开发及调优技能。
5. 掌握 LoadRunner 性能测试工具场景设计、结果分析应用技能。

8.1 性能测试需求分析

性能测试需求分析与传统的功能测试需求有所不同，功能测试需求分析重点在于从用户层面分析被测对象的功能性、易用性等质量特性，性能测试则需要从终端用户应用、系统架构设计、硬件配置等多个纬度分析系统可能存在性能瓶颈的业务。

8.1.1 性能测试必要性评估

任何项目在开展性能测试活动前都需要进行必要性评估。通过必要性评估活动，确认被测对象是否有必要实施性能测试活动。

通常情况下，必要性评估可以通过设定不同条件、不同权重进行分析，将评估项分为关键评估项和一般评估项两种。关键评估项只要有一项符合，就必须开展性能测试，而一般评估项可通过加权计算，超过 60 分，则需开展性能测试。

软件测试活动中，根据测试要求可分为功能测试与非功能测试。非功能测试，通常指的是性能测试。当然，具体情况具体分析。

1. 关键评估项

性能测试关键评估项如下。

（1）被测对象需经过主管部门或监管单位审查、认可，需提供性能测试报告。

目前，很多企业的软件产品在正式上市对外销售、应用时，政府机关、主管部门或监管单位可能需要其出具功能测试报告、性能测试报告，甚至是第三方测试报告，这种情况下，必须进行性能测试。

（2）涉及财产生命安全的系统。

通常情况下，电商系统、金融业务系统、医疗健康评估，涉及用户或行方资金交易，生命安全类的，需要进行性能测试。

（3）首次投产的大型系统，具有大量用户使用的核心业务。

（4）系统核心数据库、业务逻辑、软硬件升级。

与历史系统对比，系统核心数据库、业务逻辑调整、软件硬件设备升级，同样需要实施性能测试。

（5）历史版本存在重大非功能缺陷或风险较大的未评估项。

（6）业务量、用户量、节点增长 30%以上。

系统升级后，业务量、用户量、应用节点增长量在 30%以上的，具体数值可根据实际情况调整。应用节点增长一般指甲方因业务需求，增加应用节点，银行拓展分行、分中心、分公司、营业网点等。

（7）系统架构发生重大变化。

不同的系统架构可能存在较大的性能差异，因此在系统架构发生变化后，必须实施性能测试，并且在此过程中，无法通过类推的思路推断架构变化后的系统性能。

（8）生产环境非功能严重缺陷修复后。

生产环境在使用过程中产生重大非功能性缺陷成功修复后，需重新开展性能测试活动，以验证修复活动是否对生产环境造成不良影响。

以上仅仅列出日常性能测试活动参考的关键评估项。对于不同行业，不同测试对象可能存在不同的关键评估项，读者可自行增减。

微课 8.1.1　性能
测试必要性评估

2. 一般评估项

常见的性能测试一般评估项有以下几个。

（1）是否在平台中处于核心位置（15 分）。

（2）是否有升级，且升级内容包含外部系统对接接口、支付接口、Web Service 调用接口等与其他系统关联的接口（20 分）。

（3）是否存在部署方式调整或优化（15 分）。

（4）是否增加了性能风险较高的调整（20 分）。

（5）是否存在客户要求必须测试的组件或业务流程（20 分）。

（6）是否涉及多个功能缺陷的修复，且流程发生较大变化（10 分）。

如果上述一般评估项总计分值超过 60 分，则需进行性能测试。

以本 OA 系统为例，通过针对上述关键评估项及一般评估项的评估，满足关键评估项中的第三条"首次投产的大型系统，具有大量用户使用的核心业务"，因此本 OA 系统的性能测试活动必须开展。

8.1.2　性能测试工具选型

通过测试必要性评估，确定了需要对被测对象实施性能测试，则需要考虑采用哪种性能测试方式。根据被测对象的业务特性和架构设计，可以采用两种方式开展有效的性能测试活动。

如果被测对象为批处理方式实现，并且在数据库中设立起始与终止标识字段，则可以利用存储过程或发起批处理的方式进行，资源监控可以利用监控脚本如 python 脚本、shell 脚本或其他监控工具。最终统计时，以结束时间减去开始时间，则可获得交易时间，并可根据每笔交易获得平均交易时间，相对来说较为方便。

如果被测对象不是批处理模式，且可能存在大量数据交互，则可能需要采用专业的性能测试工具来实现。一般而言，业内常用的性能测试工具主要有开源的 JMeter 和商用的 HP 公司的 LoadRunner。

JMeter 是个开源的性能测试工具，目前在市场中的热度很高，不依赖于界面，功能测试的脚本同样可以作为性能测试脚本运行，对测试人员技术技能要求不高，而且提供了参数化、函数、关联等功能，便于脚本的优化与扩展。

LoadRunner 在商用领域一枝独秀，很多年保持排前的市场占有率。与 JMeter 相比，LoadRunner 具有更强大的脚本开发功能、更完善的函数库及结果分析功能，对测试人员技术要求相对较高。但因其在业内流行很多年，LoadRunner 应用的资料相对于 JMeter 较多，更便于学习与应用。

企业在选择性能测试工具时，如有条件可以根据实际测试需求自定义开发测试工具，也可以选择市场上常用的测试工具，通常选择时需考虑以下几个问题。

（1）能否自定义开发，更符合实际测试需求；

（2）商用的测试工具所需的成本，企业能否承受；

（3）采购的测试工具是否提供了完善的服务、细致的培训；

（4）团队人员能否掌握测试活动所需的工具技能。

微课 8.1.2　性能测试工具选型

考虑到业内性能测试工具使用的频率，本次 OA 系统性能测试采用 HP 公司的 LoadRunner 12 实施。

8.1.3　性能测试需求分析

与功能测试需求分析一样，性能测试同样需要针对被测对象进行测试需求的分析。一般而言，用户或项目组在设定性能测试需求的时候，仅会表述字面意义上的需求，如"系统 TPS 需达到 300 以上，单笔交易时间不超过 3 秒"等。性能测试人员需要结合用户需求及性能测试活动本身需求进行显性与隐性性能测试需求的分解与提取。

随着互联网技术的飞速发展，如今的互联网应用架构越来越复杂，运营系统涉及的利益相关方越来越多，因此，在性能测试工作实施过程中，需从不同的用户层面分析待测需求。

在确定性能测试的必要性后，性能测试工程师主要从以下两个用户方确定性能测试需求。

1. 业务用户

（1）用户频繁使用，且存在大量用户使用的业务流程；

（2）交易占比较高，日常占比在 80% 以上甚至更高的业务流程；

（3）特殊交易日或峰值交易占比 80% 以上甚至更高的业务流程；

（4）性能较差且有过调整的业务流程；

（5）特殊业务场景；

（6）核心业务发生重大流程调整的业务流程。

以上是从业务用户层面考虑的可能需要进行性能测试的点。实际实施过程中，如果有可能，可向终端用户调研。

微课 8.1.3　性能
测试需求分析

2.　项目团队

（1）曾经测过性能后调整了架构设计的业务；

（2）逻辑复杂，关键的业务；

（3）可能消耗大量资源的业务；

（4）与外部系统存在接口调用，且有大量数据交互的业务；

（5）调用第三方业务组件，逻辑复杂的业务。

　　以上是从项目开发角度考虑的可能需要进行性能测试的业务流程。性能测试人员需对被测对象深入了解，并且需要研发团队配合。

　　除上述两种用户外，还可能包括运营团队，调研未来业务发展规划，系统需满足未来业务需求的可能性。

　　如果是已经上线的系统，性能测试团队还可以发放表 8-1 所示的问卷调查表，考察被测对象可能存在的问题。

表 8-1　性能问卷调查表

公司项目名称	简称			
	全称			
部门				
联系人		联系方式		
测试环境信息				
业务系统相关信息				
系统出现过什么问题	□频繁宕机频繁重启　　□客户反映系统访问慢　　□找不到慢的根本原因 □JVM 堆栈占用高　　　□CPU 非常繁忙　　　　□Others			
系统架构	□J2EE　　　　□LAMP　　　　□B/S □.NET　　　　□Others　　　□C/S			
J2EE 类型	□WebLogic　　　　□Tomcat　　　　□JBoss □WebSphere　　　□Borland AppServer □Oracle iAS　　　□SAP NetWeaver　□Others		具体 版本	
JDK 信息	□SUN　　　□IBM　　　□HP　　　□BEA JRockit　　　□Others			
JDK 版本	□1.3　　　□1.4　　　□1.5　　　□1.6　　　　□Others			
OS 信息	□Solaris　　□AIX　　□HP-UX　　□Windows　　□Linux　　□Others			
数据库信息	□Oracle □MySQL □SQL Server　□Sybase　□DB2 □Informix　□Others			
产品性能需求信息				
目前使用何种性能测试工具	□HP LoadRunner　　□Grinder　　□PUnit　　　　□JMeter □IBM Rational Robot　□IBM performance tester			
熟练使用何种开发语言	□C/C++　□C#　□VB　□Java			

续表

公司项目名称	简称	
	全称	
部门		
联系人	联系方式	

产品性能需求信息

是否用过 J2EE 性能监控和管理工具	☐CA Wily IntroScope　　☐Quest PerformaSure ☐BMC Appsight　　☐I3 Precise ☐Compuware Vantage for J2EE　　☐HP/Mercury Diagnostics ☐Application Manage　　☐Others	
是否在演示环境和线上系统进行部署	☐是 ☐否，仅仅在测试系统上	效果如何
项目是否有性能需求规格说明书或在软件需求规格说明书中 Highlight 性能需求		
如果已经开展性能测试,遇到的主要问题有哪些		
描述产品架构、网络协议、操作系统、Web 服务器、数据库、开发语言等		
系统业务流程图		
系统组网图		
网络拓扑图		

8.1.4　性能测试需求评审

确定性能测试需求后，如有必要，需进行某种程度的测试需求评审活动。性能测试需求评审与功能测试需求评审类似，都需关注需求本身的可测性、一致性及正确性。

1. 可测性

软件可测性，通常理解为软件本身是否具备实施测试的条件，是否便于发现缺陷及定位缺陷的能力。

在一定的时间及成本范围内，构建测试环境，设计及执行测试用例，测试工程师能够相对便捷地发现、定位缺陷，从而协助研发人员解决对应的缺陷。无论是功能测试，还是性能测试，都需要被测对象具备上述可测试特性。

性能测试活动与功能测试活动有个显著的特点，就是被测对象运行环境要求不同。实施功能测试时，只要被测对象能够在合理的运行环境中正常运行即可，即使测试环境与生产环境可能存在较大的差异。但性能测试则不同，一定要模拟尽可能真实的运行环境。当测试环境与实际生产环境差异较大时，性能测试结果往往不被接受。如果在性能测试实施过程中无法搭建相对真实的测试环境，则可认为被测对象不具备性能的可测性。

2. 一致性

性能测试需求一致性，主要关注用户需求、生产需求、运营需求等方面。通过对性能测试需求的分析，判断本次测试需求是否满足用户需求规格说明书中明确列出的性能需求项。生产需求则关注被测对象运行的真实性，从而在测试结束后能够提供相对准确的数据依据。

运营需求，需以历史数据或者现今运营数据为基础，规划未来业务发展的可能性，从而使得被测对象性能指标具有一定的冗余度。

通过性能测试需求评审活动，确定本次性能需求与上述关注点一致。

3. 正确性

在可测性与一致性得到保证的基础上，需针对性能测试指标进行验证，从而保证后续实施活动中所关注的各项目需求、场景及指标的正确性，从而尽量减少返工、重新设计的风险。

通过可测性、一致性及正确性的评估，最终确定本轮性能测试需求，并以此作为后续测试实施活动的输入。

8.2 性能测试实施

8.2.1 测试需求分析与定义

针对本次项目性能测试的必要性评估，项目组确定实施该次性能测试活动，并利用 HP 的性能测试工具 LoadRunner 开展，根据被测对象的应用特性，获取具体的性能测试需求。

一般而言，被测对象的性能需求，会在用户需求规格说明书中给出，如单位时间内的访问量需达到多少、业务响应时间不超过多少、业务成功率不低于多少，硬件资源耗用要在一个合理的范围中，性能指标以量化形式给出。如果被测对象没有明确的性能需求，则项目经理布置测试任务给测试组长时，一般会说明是否要对被测对象的哪些业务模块进行性能测试以及测试的要求是什么。

对于相对规范的项目，需求规格说明书中一般会给出类似表 8-2 所示的性能测试要求。

表 8-2　需求规格说明书中的性能要求

测试项	响应时间	业务成功率	并发数	CPU 使用率	内存使用率
用户登录	≤3 秒	>98%	20	<75%	<75%

表 8-2 给出的性能指标非常明确。性能测试活动实施过程中，性能测试工程师只需收集用户登录模块的响应时间、业务成功、并发数、CPU 使用率、内存使用率等相关指标的监测数据，与表 8-2 中的量化指标比对即可。满足相关指标，则认为达到了客户要求的性能；若未满足，则需要进行问题分析定位，最终进行修复与回归，直至达到用户需求。

微课 8.2.1　测试需求分析与定义

有明确性能需求时，测试活动相对来说较为容易开展，但实际工作中，经常会碰到没有明确性能需求的测试要求。因此，性能测试实施人员须具备根据不同输入分析获取性能需求的能力。以本次项目为例，需求规格说明书中并未指明性能测试需求，那么性能测试工程师如何分析获取量化的性能指标呢？

从用户应用角度考虑，被测对象常用业务性能无法满足用户需求的话，很容易引起客户的反感。以登录功能为例，输入用户名与密码，单击登录按钮到显示成功登录信息，如果消耗 1 分钟的时间，这样的速度用户绝对无法忍受。用户不常用的功能，比如年度报表汇总功能，三个季度甚至是一年才使用，等 10 分钟或者更长时间也是不正常的。不同的应用频度，决定了用户的使用感受，也决定了测试的需求。针对本次 OA 系统，用户经常使用的功能，且存在大量用户使用的业务为用户登录及用户考勤业务、工作任务处理等，而其他功能则相对用户较少，具体的数据如果系统已经运营，则可从系统运营日志分析。如果尚未上线运营，则需要调研用户或根据自身经验进行分析获取。

根据 8.1.3 小节"性能测试需求分析"中的表述，分析哪些是用户常用或交易占比超过 80% 的业务，从运营及项目组角度分析哪些业务相对重要，然后确定这些业务为测试点。

综合分析，本书以用户考勤业务为测试点。确定了业务测试点，即可进行详细的业务需求分析，从而确定性能测试指标。

8.2.2　性能指标分析与定义

通常情况下，性能测试关注被测对象的时间与资源利用特性及稳定性。时间特性，即被测对象实现业务交易过程中所需的处理时间，从用户角度来说，越短越好。资源利用特性，即被测对象的系统资源占用情况，一般 Web 系统不关注客户端的资源占用情况，仅关注服务器端，通常为服务器端的 CPU、内存、网络带宽、磁盘等（根据被测对象架构设计，还可分为 Web 服务器、中间件、数据库、负载均衡等）。稳定性，关注被测对象在一定负载情况下持续提供服务的能力。

不同的被测对象，不同的业务需求，可能有不同的指标需求，但大多数测试需求都包含以下几个性能指标。

1．并发数

并发，即为同时出发。从应用系统架构层面来看，并发意为单位时间内服务器接收到的请求数。客户端的某个具体业务行为包括若干个请求，因此，并发数被抽象理解为客户端单位时间内发送给服务器端的请求。而客户端的业务请求一般为用户操作行为，因此，并发数也可理解为并发用户数，而这些用户是虚拟的，又可称为虚拟用户。

并发数，广义来讲，是单位时间内同时发送给服务器的业务请求，不限定具体业务类型；狭义来看，是单位时间内同时发送给服务器的相同的业务请求，需限定具体业务类型。在性能测试实施过程中需注意二者的区别。

2．响应时间

目前大多数的软件系统架构模型是这样的：如图 8-1 所示，用户通过客户端（如浏览器）发出业务请求（网络传输时间 T1），服务器接收并处理该请求（服务器处理时间 T2），然后根据实际的处理模型返回结果（网络返回数据时间 T3），客户端接收请求结果（客户端处理展示时间 T4）。在这个处理流程中，涉及的各个业务节点的处理时间总和 T1+T2+T3 即为系统响应时间。这个时间的计算忽略了客户端数据呈现的时间 T4。从用户角度来讲，用户应用客户端发出业务请求，到客户端（通常为浏览器）展现相应的请求结果，这个时间越短越好，即用户视角的响应时间为 T1+T2+T3+T4。从服务器角度来讲，服务器接收到客户端发来的请求，并给出结果的响应，这个过程所消耗的时间记录为响应时间，即服务器仅关注 T2 的处理时间。因此，不同的视角，衡量的响应时间指标也不同。

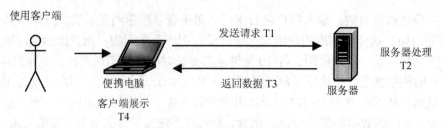

图 8-1　响应时间组成示意图

通过上述两个不同视角的描述，不难发现，用户与服务器所理解的响应时间存在明显的差异。用户关注的是发出请求到看到响应结果的时间，而服务器关注的是接受请求到返回结果的时间。对于用户而言，忽略了浏览器展示的时间；对于服务器而言，则忽略了浏览器展示、网络传输等时间。因此，在实际测试过程中，需明确以什么视角验证被测对象的性能。

大多数情况下，性能测试主要以用户视角进行，因此在实际测试过程中，通常关注用户行为。所以，响应时间，一般都指客户端发出请求到接收到服务器端的响应数据所消耗的时间。

需注意的是，在性能测试工作中，客户有时可能需要测试公网的系统来验证性能指标。从测试经验来看，最好不要尝试在公网进行性能测试，原因有以下两点。

（1）有可能影响现网用户。在实施性能测试过程中，可能产生大量的垃圾数据，从而破坏生产环境，导致缺陷的产生，影响实际的业务。

（2）压力模拟可能无法真实体现。性能测试工程师实施性能测试时，利用测试工具模拟了大量的并发数，产生了大量的业务数据，但因负载生成器所在的网络与服务器所在网络不同，或者服务器的网络安全设置，导致压力数据无法到达被测服务器，整个网络环境不可控，从而导致测试失败。

有一种情况除外，假设就想模拟固定带宽的网络访问的场景，那么也要在局域网中使用限制带宽的手段进行测试。遵循一个原则：测试过程中，任何资源都必须可控。

3. 吞吐量

单位时间内系统处理用户请求的数量，可以用请求数/单位时间或者单击数/单位时间，或者字节数/单位时间等方式来衡量，其中通过字节数/单位时间的计算方式，与当前的网络带宽比较，可以找出网络方面的问题。例如，1 分钟内系统可以处理 1 000 次转账交易，则吞吐量为 1 000/60≈16.7。吞吐量指标直接体现了软件系统的业务处理能力，尤其适用于系统架构选型，做对比测试。

4. 系统资源耗用

系统资源耗用，即为客户端与服务器系统各项硬件资源的耗用情况，如 CPU 使用率、内存使用率、网络带宽占用率、磁盘 I/O 输入输出量等。从软件质量的特性得知，软件的效率特性包含时间与资源的利用率，资源则包含软件资源及硬件资源，软件资源即为被测对象及与之相关的其他软件系统，硬件资源则包含上述所表述的 CPU、内存、网络、磁盘等。一个系统的高效运行，除了软件资源外，硬件资源也是不可缺少的部分，因此在性能测试过程中，需关注系统资源的耗用。

5. 业务成功率

业务成功率意为用户发起多笔业务操作时成功的比率。例如，测试银行营业系统的并发处理性能，全北京 100 个网点，中午 12:30 ~ 13:30 一个小时的高峰期里，要求能支持 5 000 笔开户业务，其中成功率不低于 98%，也就是需要成功开户 4 900 笔，其他的 100 笔可能是超时，或者其他错误导致未能开户成功。业务成功率展示了在特定压力或负载情况下，服务器正确稳定处理业务请求的能力。

6. TPS

TPS 是单位时间内服务器处理的事务数，该指标值越大越好。一般情况下，用户业务操作过程可能细分为若干个事务，单位时间处理的事务数越多，说明服务器的处理能力越强。

根据上述各个指标的概念，结合被测对象本身的业务情况，做出如下测试需求及指标分析。

OA 系统是一个面向广大企业用户的办公自动化系统。该产品设计时，即需以大多数用户的使用习惯作为参考，从而分析相应的测试数据。根据大多数公司的作息安排，早上 9 时基本是公司的上班时间。早上 8:40 ~ 9:10、下午 5:30 ~ 6:00 可能是 OA 系统登录的高峰期，很多人集中在这个时候到达公司进行登录、考勤业务操作。这样可以确定系统测试的一个时间段。

确定性能测试评估的时间段后，需确定在该时间需完成的业务量，这就需要统计有多少人在这个时间段使用 OA 系统进行考勤操作。统计这个数据比较难，因为各个公司的规模不一样，人数也不一样。当然如果是已经运营的系统可能容易操作，查看系统日志即可知道大概的用户量，但如果是未上线或新投入的系统，则较为困难。这种情况下，项目组需根据业务规划，产品设计给出一个参考值，比如支持 2 000 人在某个时间段内进行考勤的业务，则可以理解为系统支持 2 000 人在 8:40 到 9:10 这 30 分钟的时间里完成登录、考勤操作，并且不能有失败的业务，业务成功率要求为 100%。通过这样的分析，可得到下面几个数据。

（1）OA 系统使用高峰期为 30 分钟；

（2）同时使用人数为 2 000 人左右；

（3）考勤成功率为 100%。

接着分析，在满足上述需求的同时，还需要考虑业务的响应时间。被测对象的响应时间，作为一个很直观的用户体验数据，可很好地衡量被测对象是否让用户感受好。但感受好并没有一个量化的指标，只是个相对的概念。响应时间在业内的一个经验值就是 2 秒、5 秒、8 秒或者 3 秒、5 秒区分。2 秒或者 3 秒的业务处理响应时间是非常理想的，而 5 秒则是普遍可接受的时间，但超过 5 秒的响应时间，用户一般不会接受，可能选择刷新，甚至放弃操作。这样的经验值在实际测试中对确定响应时间有很高的参考价值。当然响应时间还应该根据业务类型确定，而不能仅从用户的感官考虑。本次项目测试采用常规的 3 秒为目标，也就是说，OA 系统处理登录、考勤各个业务的服务器响应时间均不超过 3 秒。

除了软件的性能要求外，还应该对硬件资源进行监控，比如服务器的 CPU 使用率、内存使用率、网络带宽等。如果用户需求、项目组或其他利益相关方未提出性能指标要求，则可按照行业经验，确定 CPU 的使用率不超过 80%，内存使用率不超过 80%，网络带宽占用不超过 50% 等。CPU 使用率超过 80% 表明 CPU 应用繁忙，如果持续维持在 90% 甚至更高，很可能导致机器响应慢、死机等问题。当然，过低也不好，说明 CPU 比较空闲，可能存在资源浪费

微课 8.2.2 性能
指标分析与定义

的问题。对于内存存在同样的问题。当然，80%只是一个经验值，最终的性能测试指标需经过评审才能最终确定。

通过上面的分析，最终采集得到本次测试的性能需求指标如表 8-3 所示。

表 8-3　OA 系统性能需求指标

测试项	响应时间	业务成功率	业务总数	CPU 使用率	内存使用率
考勤	≤3 秒	100%	30 分钟完成 2000	≤80%	≤80%

得出本次测试的性能参考指标后，性能测试人员即可进行性能测试模型的建立。

微课 8.2.3　测试
模型构建

8.2.3　测试模型构建

确定测试需求及对应指标后，性能测试实施人员可针对被测业务分析其业务模型，以便于测试场景及脚本的设计。

分解考勤业务的操作流程，并将每一个步骤命名为一个名称，具体如表 8-4 所示。

表 8-4　考勤业务建模

业务操作	步骤名称
打开首页	Open_index
输入用户名及密码，登录	Submit_login
进入考勤页面	Into_sign
进行考勤操作并提交	Submit_sign
退出	Sign_off

通过对每个业务操作的分解及命名，后续的脚本设计则可利用此处的命名作为每一个 Action。

8.2.4　场景用例设计

性能测试过程中，首先应该设计测试的场景，然后是针对场景设计的脚本。

为了真实反映被测对象可能存在的性能问题，需要尽可能模拟被测对象可能发生瓶颈的业务模拟。测试需求分析过程中已经确定了需要测试的业务类型，在此，则需要设计针对每种或综合业务的测试场景。

性能测试场景通常包括单业务基准测试、单业务压力测试、单业务负载测试、综合业务基准测试、综合业务压力测试、综合业务负载测试、综合业务稳定性测试 7 种常用测试场景。

1.　单业务基准测试

单业务基准测试用于测试某个具体业务是否满足系统设计或用户期望的性能指标，如用户期望系统支付接口支持 50 个用户并发支付，如果满足，则认为基准测试完成，否则为失败。基准测试过程中，性能指标的任何一项均需成功，才认为基准测试完成。

2.　单业务压力测试

单业务压力测试用于测试某个具体业务在最大负载下持续服务的时长，以此验证被测业务的稳定性。压力测试过程中所设计的负载，是以系统基准负载为标准，如系统基准负载为 50 个并发用户，则压力测试的负载设为 50 个，通过运行时长的变化，验证服务器在系统预设负载下持续服务的能力。具体的时长则由需求分析、运行日志、系统设计规划等来源获取。

3. 单业务负载测试

单业务负载测试用于测试某个具体业务能够承受的最大负载，验证被测业务能够承受的最大负载数，如系统基准负载为 50 个，则通过多次测试，加大负载，最终获得被测业务的最佳负载。在最佳负载下，系统仍需满足各项性能指标。

4. 综合业务基准测试

综合业务基准测试与单业务基准测试类似，但综合业务需考虑业务与业务之间的联系，如果相互之间存在资源争用，则需单独组合测试。假设系统需测试的业务有三个：A、B、C，综合业务基准测试是将 ABC 一起运行，那么加上 A、B、C 三个基准测试，共计 4 个基准测试场景，分别是 ABC、A、B、C，但 A 与 C 存在资源争用，则需单独将 A 与 B 组合，构成一个单独的测试场景，则一共为 ABC、A、B、C、AB 5 个基准测试场景。

综合业务测试中的数据分配，根据实际业务、用户需求、运行日志、运营规划等分析确定。

【案例 8-1 柜员交易系统综合业务占比分析】

某银行柜员交易系统，在 1 小时内，有 4 个柜员进行存款操作，6 个柜员进行开户操作，10 个柜员进行查询操作，则综合业务的负载比例设置为：

```
存款业务占比：4/(4+6+10)=20%
开户业务占比：6/(4+6+10)=30%
查询业务占比：10/(4+6+10)=50%
```

5. 综合业务压力测试

综合业务压力测试与单业务压力测试类似。

6. 综合业务负载测试

综合业务负载测试与单业务负载测试类似。

微课 8.2.4 场景用例设计

7. 综合业务稳定性测试

综合业务稳定性测试通常为核心业务在基准负载的基础上运行相对长的时间，验证服务器持续提供稳定服务的能力。稳定性场景测试的时间由需求方设定，一般为 7×24 小时不间断执行。

通过上述分析，根据 OA 系统业务模型确定本次性能测试的场景主要为考勤基准测试，通过需求分析，需考察 30 分钟内系统能否支持 2 000 个用户登录并考勤，同时满足响应时间、业务成功率、系统资源耗用等各个指标。

场景设计中需设置 Vuser 数量，当需求未明确指出时该如何确定呢？

【案例 8-2 OA 系统考勤业务并发数计算】

OA 系统登录业务，要求在 30 分钟内支持 2 000 个用户的考勤，考察重点并非为并发数，因此可通过如下计算方法获取 Vuser 数量。

```
Total_Vuser=BC/(T*60*60/t)
```

T：考察时间段，如此处的 30 分钟，即 0.5 小时。

t：单用户单次业务消耗时间，即单个用户执行一次完成业务过程所消耗的时间，尽可能模拟用户的真实行为。

BC：业务量，如此处的 2 000 个用户。

利用 LoadRunner 测试单次业务消耗时间，代入公式即可获得执行 30 分钟 2 000 个用户考勤所需设置的 Vuser 数量，如表 8-5 所示。

表 8-5　考勤业务场景用例

用例编号	SignOn-SCENARIOCASE			
关联脚本用例编号	SignOn -SCRIPTCASE			
场景类型	单脚本	场景计划类型	场景	
场景运行步骤	初始化	默认		
	开始 vuser	立刻开始所有 vuser		
	持续运行	持续运行 30 分钟		
	停止 vuser			
IP 欺骗功能	不启用	集合点策略设计	默认	负载生成器	未使用
运行时设置	默认	结果目录设置	默认	数据监控	Windows 系统
预期指标值：				
测试项	响应时间	业务成功率	业务总数	CPU 使用率	内存使用率
登录操作	≤3 秒	=100%	2000	≤80%	≤80%
考勤操作	≤3 秒	=100%	2000	≤80%	≤80%
实际指标值：				
测试项	响应时间	业务成功率	业务总数	CPU 使用率	内存使用率
登录操作					
考勤操作					
测试执行人			测试日期		

8.2.5　脚本用例设计与开发

微课 8.2.5　脚本用例设计与开发

性能测试过程中，因测试目的不同，可能存在多个不同的场景，但往往只需设计一个脚本。如针对某个业务进行基准测试、压力测试和负载测试，虽然涉及三个场景，但脚本可能只有一个。因此性能测试人员需要根据场景设计，分析所需的测试脚本并开发。

以上述场景为例，本次测试需开发用户登录、考勤的脚本。

性能测试人员确定脚本类型后，需深入了解待测业务交互过程。以考勤为例，在实际业务测试过程中发现，某个用户在进行一次考勤后，无法再进行第二次考勤，意味着 2 000 个用户名需不相同，否则业务过程错误，无法模拟真实的业务行为。因此，脚本开发过程中需针对用户进行变量化操作，保证每次登录的用户名都不同。

通常情况下，性能测试脚本开发工程师可根据被测业务可能存在的约束进行分析，从而确定脚本优化及增强方案。

【案例 8-3　考勤业务性能测试脚本】

使用 LoadRunner 开发考勤业务脚本用例如表 8-6 所示。

表 8-6　考勤脚本用例

用例编号：SignOn-SCRIPTCASE	
约束条件：　用户名不能重复，需做参数化	
测试数据：　3000，规则 t0000 格式	
操作步骤	Action 名称
1. 打开 http://192.168.0.105:8080/oa	Open_index
2. 输入用户名及密码，提交登录信息	Submit_login
3. 进入考勤页面	Into_sign
4. 单击考勤按钮	Submit_sign
5. 退出系统	Logout

优化策略

优化项	是否需要	
注释	无	
思考时间	5 秒	
事务点	无	
集合点	无	
参数化	登录用户名：username，unique number，每次迭代，%04d 格式	
关联	无	
文本检查点	无，考勤是否成功，通过数据库直接统计考勤数	
其他	无	
测试执行人		测试日期	

场景及脚本设计阶段，应该分析每一个细节，提前做好规划，设计先行，尽量避免后期的改动。

测试脚本用例设计好后，即可利用 LoadRunner 进行测试脚本的开发。

LoadRunner 默认提供了录制脚本的功能。针对 Web 系统，性能测试人员可利用录制功能，先录制对应业务的脚本，然后在录制代码的基础上进行优化。

（1）启动 LoadRunner 12 Virtual User Generator，创建新脚本，如图 8-2 所示。

（2）选择协议为"Web-HTTP/HTML"，输入"Script Name"及"Location"后，确定后完成脚本模板创建，如图 8-3 所示。

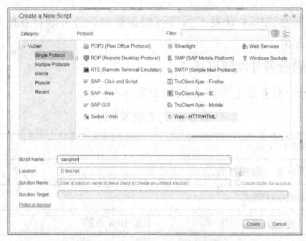

图 8-2　LoadRunner 创建脚本

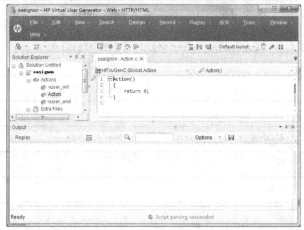

图 8-3　考勤业务性能脚本模板

（3）根据测试模型建立环节确定的每一个 Action 名称，调整脚本 Action，如图 8-4 所示。

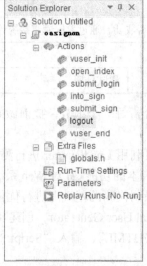

图 8-4　考勤业务 Action 划分

（4）设置需参数化的登录用户名，建议脚本录制前将脚本中可能需要的参数化文件全部设计好，做到任何时刻设计先行，如图 8-5 所示。

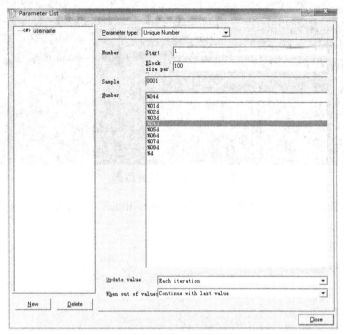

图 8-5　用户名参数化

"Block size per Vuser"处数值在统计出单用户单次消耗时间后再重新调整。此处默认为100。

（5）设置好 Action 及参数后，即可开始录制操作。选择"open_index"Action，单击【Start Recording】按钮，如图 8-6 所示。

图 8-6　录制考勤业务脚本

（6）录制完成后，注释或删除不需要的请求，初步优化脚本。进行单用户单次业务消耗时间统计前，如果仍使用录制时的用户 admin，则需将其考勤记录从数据库中删除，如图 8-7所示，否则可能无法再次考勤，或者换其他账号。

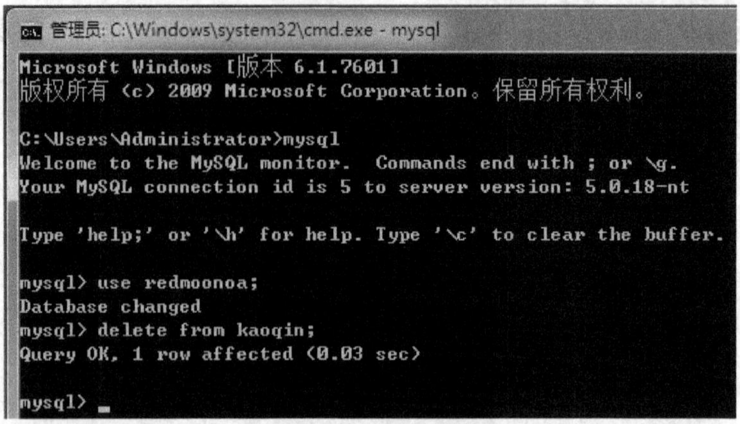

图 8-7　删除已考勤数据

（7）删除已考勤记录后，添加事务点，在"open_index"前添加开始事务点，在"logout"后添加结束事务点。

开始事务点如下。

```
open_index()
{

    lr_start_transaction("sign");

    web_url("oa",
            "URL=http://192.168.0.106:8080/oa/",
            "Resource=0",
            "RecContentType=text/html",
            "Referer=",
            "Snapshot=t14.inf",
            "Mode=HTML",
            LAST);

    return 0;
}
```

结束事务点如下。

```
logout()
{
    web_url("exit_oa.jsp",
            "URL=http://192.168.0.106:8080/oa/exit_oa.jsp",
            "Resource=0",
            "RecContentType=text/html",
            "Referer=http://192.168.0.106:8080/oa/bottom.htm",
            "Snapshot=t111.inf",
            "Mode=HTML",
```

```
        LAST);

    web_url("index.jsp",
            "URL=http://192.168.0.106:8080/oa/index.jsp",
            "Resource=0",
            "RecContentType=text/html",
            "Referer=",
            "Snapshot=t116.inf",
            "Mode=HTML",
            LAST);


    lr_end_transaction("sign", LR_AUTO);


    return 0;
}
```

（8）设置 Run-time setting，将思考时间启用，并限制在 5 秒内（根据正常用户使用习惯确定，也可设置为区域随机数），如图 8-8 所示。

（9）设置好事务点、思考时间、删除考勤数据后回放脚本，记录单用户单次考勤消耗时间。统计时间如图 8-9 所示。消耗时间为 6.43 秒，包括 5 秒思考时间。

图 8-8　思考时间限制设置

图 8-9　单用户单次考勤时间统计

单次消耗时间获取后，需重新确定参数化中的 block size。

8.2.6 脚本调试与优化

LoadRunner 的脚本录制完成后，需要对其进行优化。一般情况下录制下来的脚本没有太大的实用价值，想要实现真实业务的性能测试，必须经过优化。通常测试代码的优化可以采用图 8-10 所示的流程。

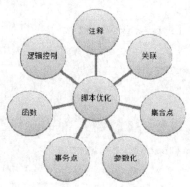

图 8-10 脚本优化内容

1. 事务点

微课 8.2.6-1 事务点

为了通过业务操作衡量服务器的处理性能，需将业务操作分解定义为事务（Transaction）。如在脚本中有一个数据查询操作，为了衡量服务器执行查询操作的性能，可将查询操作定义为一个事务，LoadRunner 执行场景时，遇到事务点则会细分事务点的监控数据，直到该事务结束。场景执行完成后，统计结果中将会列出该事务点的监控数据。

LoadRunner 允许在脚本中插入不限数量的事务。如果在测试过程中已经划分了较为详细的 Action，则可以不用再插入复杂的事务点，在 Run time setting 中将每一个 Action 作为事务点即可。

2. 集合点

插入集合点是为了衡量在加重负载的情况下服务器的性能情况。读者已在性能测试基本概念的相关内容中了解了并发数的概念。日常测试工作中，大多数情况下讨论的并发并非绝对意义上的并发，而是在一个时间段里的并发。例如马拉松比赛，在某个赛道上，同时有 500 人在跑，但他们的步伐是不一致的，虽然从表象来看是并发，但没有做到齐步走的效果。

以本次测试要求来讲，要求在 30 分钟的时间里完成 2 000 个用户登录考勤操作，那么在这 30 分钟里，有多少用户是在 8:45:23:234 这个时间点打开 OA 系统首页的呢？也就是说，有多少用户在同一个时间点进行业务操作的呢？假如有 100 个，那么这 100 个就是绝对的并发。在测试中一定要弄清楚，要测试的目标值是业务量，还是并发数。假如没有明确要求，如果在 30 分钟内用 60 个 Vuser（虚拟用户）可以完成 2 000 人的登录考勤，并且其他指标都满足，那么这 60 个 Vuser 就是并发数；如果明确要求 30 分钟内要支持 100 个并发，那么很可能 60 个 Vuser 并发满足了完成特定业务量的要求，但在设置 100 个 Vuser 时，系统出现错误，比如超时、连接被拒绝等方面的错误，则测试仍是不通过的，因为没有达到支持 100 个并发的性能要求。

那么在性能测试中如何做到绝对的并发呢？这就需要集合点来帮忙了。假设在登录页面设定集合点，比如上面的 Action "submit_login" 中 "web_submit_data()" 函数前加入集合点，在场景执行中设定相应的集合点响应策略，就可以要求那些 Vuser 按照要求进行业务操作了。假设策略是 100 个 Vuser 中的 50 个到达集合点时，就一起单击【登录】按钮，如果没有到达就等待。举个生活中的例子，周末大家约去公园玩，共 10 个人，事先商定好，当其中的 8 个人到达的时候就出发，如果到达人数不足 8 个，就等待。集合点就是这个意思。

　　集合点经常和事务结合起来使用。集合点只能插入到 Action 部分，不能在 vuser_init 和 vuser_end 中插入，所以如果光标在 vuser_init 或 vuser_end 中时，集合点的功能按钮是灰色不可用的。集合点的设置在脚本调试的时候不起作用，只有在场景执行的时候才会生效，所以读者不用疑惑为什么在脚本设计中设置了集合点却看不到效果。

【案例 8-4　考勤功能集合点设置】

　　本次测试在提交考勤操作前面添加一个集合点，名称为"rend_submit_sign"，添加集合点后的代码如下。

```
submit_sign()
{
        lr_rendezvous("rend_submit_sign");
        web_submit_data("kaoqin.jsp",
                "Action=http://192.168.0.106:8080/oa/kaoqin.jsp?op=add",
                "Method=POST",
                "RecContentType=text/html",
                "Referer=http://192.168.0.106:8080/oa/kaoqin.jsp",
                "Snapshot=t97.inf",
                "Mode=HTML",
                ITEMDATA,
                "Name=type", "Value=外出办事", ENDITEM,
                "Name=direction", "Value=c", ENDITEM,
                "Name=reason", "Value=", ENDITEM,
                "Name=submit", "Value=发送", ENDITEM,
                LAST);

        return 0;
}
```

微课 8.2.6-2　集合点

微课 8.2.6-3　思考时间

3. 思考时间

　　思考时间的设置比较麻烦，如果性能测试的要求是进行负载测试，那么可以取消思考时间，使得 LoadRunner 对服务器产生最大的压力；如果是从用户的要求而做的性能测试，那么思考时间不可以忽略。

4. 注释

　　在一个公司、一个项目团队里，如果没有编程规范约束项目组，那么软件代码将难以维护。性能测试的脚本设计与编程一样，同样需要遵循一定的规范。在编程规范中提出，代码的注释量一般不少于总代码量的 20%，对于关键的代码，注释量甚至更高。

微课 8.2.6-4　注释

注释可以根据实际的需要添加，关键的事件、业务点必须添加注释，增加代码的可读性与维护性。

5. 数据参数化

参数化，顾名思义，就是将需要动态获取数据的地方设置为参数，然后将对应的参数值放在该参数中，脚本运行时则会根据设定的规则进行取值。

【案例 8-5　OA 测试账号参数化设置】

单用户单次消耗时间确定后，需重新调整 username 的 block size，计算过程如下。

单用户 30 分钟内可虚拟完成 30*60/6.43=280 次用户考勤操作，则 2 000 次考勤业务需 Vuser_Count=2000/280=7.14 个 Vuser，但 Vuser 必须为整数，因此不能省略，统一进位，因此预估 Vuser 数量为 8 个。

反推 Vuser Block Size=280 次，为了保证每个 Vuser 有足够的测试数据可用，在预估基础上增加 20%左右，则 Vuser Block Size=280（预估值）*1.2=336。

因此，测试实施过程中，必须准备至少 336*8=2 688 个可用用户账号。

通过上述数据的计算过程，最大限度降低性能测试实施过程中因测试数据不足导致测试失效的风险。

重新调整后的参数化信息如图 8-11 所示。

微课 8.2.6-5　数据参数化

图 8-11　调整后的 username 参数设置

调整完 username 的 Block size 后，将脚本中需替换为参数的地方全部替换。因脚本中的参数使用的是 unique number 类型，而准备的测试数据格式为 t0001 格式，因此，替换参数时，需将所有用户名替换为 t{username}格式，如图 8-12 所示。

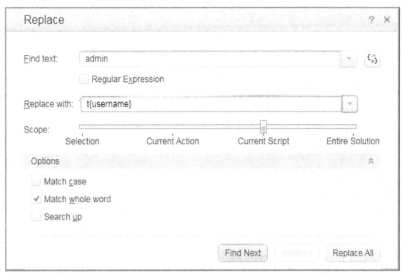

图 8-12 替换所有用户名

注意：测试数据需提前在系统中创建好，可利用 LoadRunner 通过迭代方式创建。

6. 关联

将服务器提供动态变化的值存放在变量中，当需要使用该变量时，由 LoadRunner 自动从服务器响应的信息中获取该值，并在后面使用的过程中进行替换，这个过程即为关联。

服务器因业务限定可能需返回一些验证代码，如 session、随机交易验证码等，通过客户端无法模拟，此时需要通过关联方式获取这些验证信息，然后再交由服务器验证。除了这种应用外，有些业务生成的流程 id、订单 id、用户编码等虽然可能有一定的生成规则，可通过参数化解决，但相对麻烦，且测试过程中可能无法确保数据线性产生，此时，利用关联方法是最佳选择。

在性能测试过程中，如果碰到以下几种情况，就需要考虑关联了。

（1）操作无错，却没有数据出来，比如执行了添加操作，数据库却没有出现对应的记录；

（2）系统中存在动态变化的值，并且是无规律的、临时的值；

（3）后面使用的数据是以前面业务操作的输出，并且随着业务的改变而改变，多发生在流程性事务中。

关联在性能测试中非常常见，分析一个系统是否需要做关联，首先要弄清楚系统中是否存在动态变化的数据。本次 OA 系统考勤功能测试，仅在用户名处存在变化，可利用参数化解决，故不需要进行关联操作。

7. 文本检查点

进行性能测试时，为了检查服务器返回的数据是否正确，可通过插入检查点的方式进行验证。以本次测试为例，如果考勤成功，服务器将返回"操作成功"信息提示。如果需验证考勤业务是否成功，则可利用此信息作为检查点。

检查点并非一定需要设置，每个用户考勤如果成功，则会在数据库考勤表中写入考勤记录，因此可通过查询数据库总记录数确认成功率。当然，这样的判断可能无法保证每个用户操作正确，只能统计到总数，最好的验证是增加"操作成功"的信息验证。

【案例 8-6 考勤成功文本检查点设置】

```
submit_sign()
{
    lr_rendezvous("rend_submit_sign");
    web_reg_find("Search=All","Savecount=signflag","Text=操作成功",LAST);

    web_submit_data("kaoqin.jsp",
        "Action=http://192.168.0.105:8083/oa/kaoqin.jsp?op=add",
        "Method=POST",
        "RecContentType=text/html",
        "Referer=http://192.168.0.105:8083/oa/kaoqin.jsp",
        "Snapshot=t97.inf",
        "Mode=HTML",
        ITEMDATA,
        "Name=type", "Value=外出办事", ENDITEM,
        "Name=direction", "Value=c", ENDITEM,
        "Name=reason", "Value=", ENDITEM,
        "Name=submit", "Value=发送", ENDITEM,
        LAST);
    if(atoi(lr_eval_string("{signflag}"))>0)
    {   lr_output_message("sign ok");
        return 0;
    }
    else
    {
        lr_error_message("sign fail");
        return -1;
    }
}
```

8. 函数

根据脚本逻辑控制需要，增加一些函数应用，从而尽可能模拟最真实的业务流程。通过上面的脚本优化步骤，本次测试脚本基本就设计优化完成了。接下来可以运行 2 个 Vuser2 次迭代进行考勤，验证脚本优化是否正确、能否按照预期设计执行。

8.2.7 场景设计与实现

Virtual User Generator 是脚本设计的功能模块，性能测试脚本在此基础上开发并优化，最终场景须在 LoadRunner 的 Controller 中完成。

【案例 8-7　考勤业务场景设计实现】

根据场景用例，本次考勤业务测试场景设计过程如下。

（1）启动 Controller，选择"Manual Scenario"，不勾选"Use the Percentage Mode…"，加载测试脚本，如图 8-13 所示。

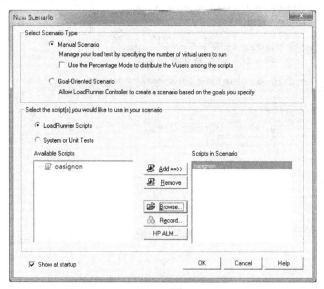

微课 8.2.7　场景设计与实现

图 8-13　设置考勤测试场景脚本

（2）根据分析，本次测试需 30 分钟，8 个 Vuser，一开始即加载所有 Vuser。场景执行计划如图 8-14 所示。

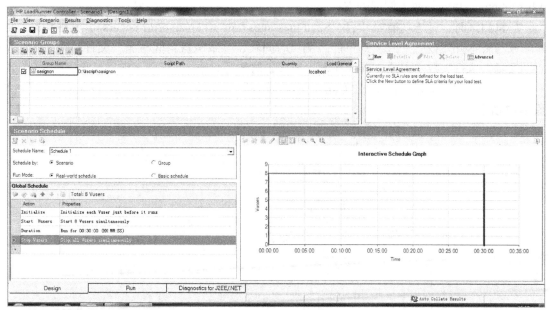

图 8-14　考勤业务场景执行计划

（3）设置测试结果目录存在路径，将每次测试结果保存，如图 8-15 所示。

（4）设置 Run time setting，与脚本中的 Run time setting 有所区别，如图 8-16 所示。

图 8-15 测试结果路径设置

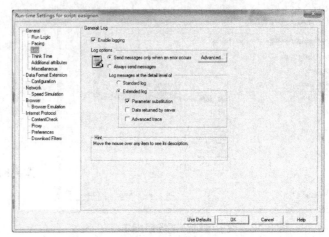

图 8-16 日志设置

脚本开发过程中，日志功能需开启"Always send messages""Extended log""Parameter substitution"，目的是便于调试脚本。

场景测试时，日志功能需开启"Send messages only when an error occurs"，其他相同。此处如果与脚本开发设置一致，则可能因测试时间长，导致磁盘空间写满，文件写入失败，从而导致场景执行失败。因此，选择在发生错误的时候写日志。

在"Miscellaneous"中勾选"Continue on error""Define each action as a transaction"，如图 8-17 所示。

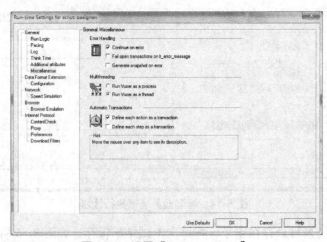

图 8-17 设置"Miscellaneous"

除了 Log、Miscellaneous 外，其余选项无须设置。

（5）利用 Application Manage 监控 Web 服务器 Tomcat，如图 8-18 所示。

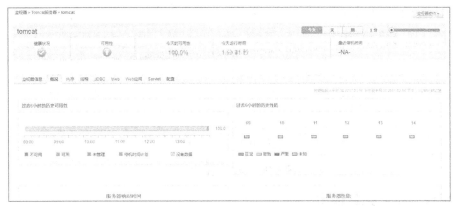

图 8-18　Tomcat 服务器监控

（6）利用 Application Manage 监控数据库服务器 MySQL，如图 8-19 所示。

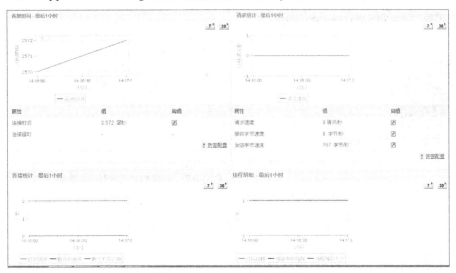

图 8-19　MySQL 数据库监控

（7）监控服务器平台 CPU、内存，如图 8-20 所示。

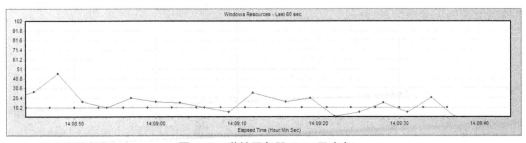

图 8-20　监控服务器 CPU 及内存

相关设置完成后，即可进行场景执行。需注意的是，所有的监控应先于场景执行操作开启，否则可能会导致数据监控遗漏。

8.2.8 场景执行与结果收集

场景执行则相对简单，场景设计完成，监控设置完成，开启监控工具，单击"Start scenario"开始运行即可，如图 8-21 所示。

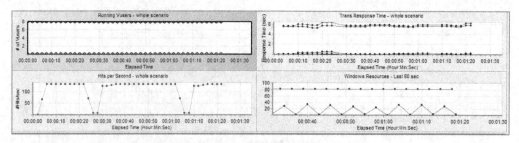

图 8-21 场景运行状态图

8.2.9 结果分析与报告输出

测试场景按照预期设置执行完成后，则可利用 LoadRunner 的"Analysis"功能组件将当前测试结果收集汇总，如图 8-22 所示。

收集完成后的界面如图 8-23 所示。

微课 8.2.9 结果分析与报告输出

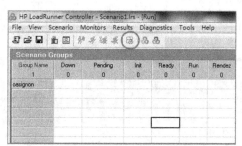

图 8-22 收集性能测试结果功能

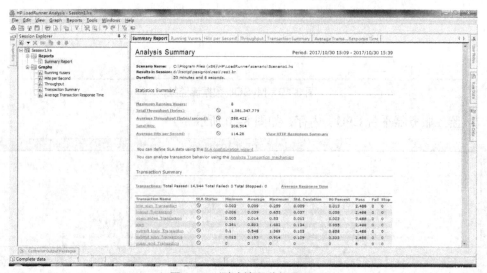

图 8-23 测试结果分析界面

Controller 的执行结果收集后，还需收集其他的数据，如 Web 服务器 Tomcat、数据库 MySQL 等。如果在测试过程中还涉及其他方面，比如中间件、代理器，都需要一一收集。本次测试仅监控了 Tomcat 与 MySQL，故只收集这二者即可。

数据准备好后，性能测试工程师需对这些数据进行细致的分析。首先是按照性能测试需求来查看各个数值，以检查本次测试是否达到预期的要求，如某业务响应时间、某业务成功率等，然后再分析本次测试过程中哪些地方可能存在性能隐患、如何去优化并回归。

LoadRunner 性能测试结果分析是一个复杂的过程，通常可以从结果摘要、并发数、平均事务响应时间、每秒点击数、业务成功率、系统资源、网页细分图、Web 服务器资源、数据库服务器资源等方面分析，如图 8-24 所示。性能测试结果分析的一个重要原则是以性能测试的需求指标为导向。回顾一下本次性能测试的目的，验证在 30 分钟内完成 2 000 次用户登录系统，然后进行考勤业务，最后退出，在业务操作过程中登录、考勤业务的服务器响应时间不超过 3 秒，并且服务器的 CPU 使用率、内存使用率均不超过 80%，根据图 8-24 所示的流程，分析本次测试是否达到了预期的性能指标、是否存在性能隐患以及如何解决。

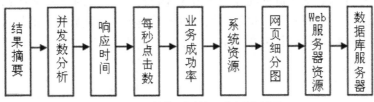

图 8-24　性能测试结果分析流程图

1. 结果摘要

LoadRunner 进行场景测试结果收集后，首先显示的是一个摘要信息，如图 8-25 所示。概要中列出了场景执行情况、Statistics Summary（统计信息摘要）、Transaction Summary（事务摘要）以及 HTTP Responses Summary（HTTP 响应摘要）等。以简要的信息列出本次测试结果。

Summary Report	Running Vusers	Hits per Second	Throughput	Transaction Summary	Average Transa...Response Time		

Analysis Summary　　　　　　　　　　　　Period: 2017/10/30 15:09 - 2017/10/30 15:39

Scenario Name:　　C:\Program Files (x86)\HP\LoadRunner\scenario\Scenario1.lrs
Results in Session:　d:\lrscript\oasignon\res1\res1.lrr
Duration:　　　　30 minutes and 6 seconds.

Statistics Summary

Maximum Running Vusers:	8
Total Throughput (bytes):	1,081,347,779
Average Throughput (bytes/second):	598,422
Total Hits:	206,504
Average Hits per Second:	114.28　　View HTTP Responses Summary

You can define SLA data using the SLA configuration wizard

You can analyze transaction behavior using the Analyze Transaction mechanism

Transaction Summary

Transactions: Total Passed: 14,944 Total Failed: 0 Total Stopped: 0　　Average Response Time

Transaction Name	SLA Status	Minimum	Average	Maximum	Std. Deviation	90 Percent	Pass	Fail	Stop
into_sign Transaction	○	0.003	0.009	0.259	0.009	0.013	2,488	0	0
logout Transaction	○	0.006	0.039	0.653	0.037	0.058	2,488	0	0
open_index Transaction	○	0.005	0.014	0.53	0.013	0.023	2,488	0	0
sign	○	0.381	0.803	1.682	0.134	0.955	2,488	0	0
submit_login Transaction	○	0.1	0.548	1.369	0.103	0.658	2,488	0	0
submit_sign Transaction	○	0.023	0.193	0.914	0.109	0.333	2,488	0	0
vuser_end Transaction	○	0	0	0	0	0	2,488	0	0

图 8-25　性能测试结果摘要图

（1）场景执行情况

该部分给出了本次测试场景的名称、结果存放路径及场景的持续时间，如图 8-26 所示。

从该图可以看出，本次测试从 15:09 开始，到 15:39 结束，共历时 30 分 6 秒，与场景执行计划中设计的时间基本吻合。

Analysis Summary   Period: 2017/10/30 15:09 - 2017/10/30 15:39

Scenario Name:	C:\Program Files (x86)\HP\LoadRunner\scenario\Scenario1.lrs
Results in Session:	d:\lrscript\oasignon\res1\res1.lrr
Duration:	30 minutes and 6 seconds.

图 8-26　场景执行情况描述图

（2）Statistics Summary（统计信息摘要）

该部分给出了场景执行结束后并发数、总吞吐量、平均每秒吞吐量、总请求数、平均每秒请求数的统计值，如图 8-27 所示。从该图得知，本次测试运行的最大并发数为 8，总吞吐量为 1 081 347 779 字节，平均每秒的吞吐量为 598 422 字节，总的请求数为 206 504，平均每秒的请求为 114.28。对于吞吐量，单位时间内吞吐量越大，说明服务器的处理能力越好。请求数仅表示客户端向服务器发出的请求数，与吞吐量一般成正比关系。

Statistics Summary

Maximum Running Vusers:		8
Total Throughput (bytes):	⊘	1,081,347,779
Average Throughput (bytes/second):	⊘	598,422
Total Hits:	⊘	206,504
Average Hits per Second:	⊘	114.28　　View HTTP Responses Summary

You can define SLA data using the SLA configuration wizard

You can analyze transaction behavior using the Analyze Transaction mechanism

图 8-27　统计信息摘要图

（3）Transaction Summary（事务摘要）

该部分给出了场景执行结束后相关 Action 的平均响应时间、通过率等情况，如图 8-28 所示。从该图得到每个 Action 的平均响应时间与业务成功率。

注意：因为在场景的"Run-time Settings"的"Miscellaneous"选项中将每一个 Action 当成了一个事务执行，故这里的事务其实就是脚本中的 Action。但原来的事务点 sign 并未删除，故出现在统计图中。

Transaction Summary

Transactions: Total Passed: 14,944 Total Failed: 0 Total Stopped: 0　　Average Response Time

Transaction Name	SLA Status	Minimum	Average	Maximum	Std. Deviation	90 Percent	Pass	Fail	Stop
into sign Transaction	⊘	0.003	0.009	0.259	0.009	0.013	2,488	0	0
logout Transaction	⊘	0.006	0.039	0.653	0.037	0.058	2,488	0	0
open index Transaction	⊘	0.005	0.014	0.53	0.013	0.023	2,488	0	0
sign	⊘	0.381	0.803	1.682	0.134	0.955	2,488	0	0
submit login Transaction	⊘	0.1	0.548	1.369	0.103	0.658	2,488	0	0
submit sign Transaction	⊘	0.023	0.193	0.914	0.109	0.333	2,488	0	0
vuser end Transaction	⊘	0	0	0	0	0	8	0	0
vuser init Transaction	⊘	0	0	0	0	0	8	0	0

Service Level Agreement Legend:　✓ Pass　☒ Fail　⊘ No Data

图 8-28　事务摘要图

（4）HTTP Responses Summary（HTTP 响应摘要）

该部分显示在场景执行过程中，每次 HTTP 请求发出去的状态是成功还是失败，都在这里体现，如图 8-29 所示。从图中可以看到，在本次测试过程中，LoadRunner 共模拟发出了 206 504 次请求（与"统计信息摘要"中的"Total Hits"一致），其中"HTTP 200"有 204 016 次，而"HTTP 404"则有 2 488 次，说明在本次过程中，发出的请求大部分都能正确响应，有部分请求失败了，但未影响测试结果。"HTTP 200"表示请求被正确响应，而"HTTP 404"表示文件或者目录未能找到。有读者可能会问，这里出现了 404 的错误，为什么结果还都通过了。出现这种问题的原因是脚本有些页面的请求内容并非关键点，不会影响最终的测试结果。

HTTP Responses Summary		
HTTP Responses	Total	Per second
HTTP 200	204,016	112.903
HTTP 404	2,488	1.377

图 8-29　HTTP 响应摘要

常用的 HTTP 状态代码如下。

400 无法解析此请求。

401.1 未经授权：访问由于凭据无效被拒绝。

401.2 未经授权：访问由于服务器配置倾向使用替代身份验证方法而被拒绝。

401.3 未经授权：访问由于 ACL 对所请求资源的设置被拒绝。

401.4 未经授权：Web 服务器上安装的筛选器授权失败。

401.5 未经授权：ISAPI/CGI 应用程序授权失败。

401.7 未经授权：由于 Web 服务器上的 URL 授权策略而拒绝访问。

403 禁止访问：访问被拒绝。

403.1 禁止访问：执行访问被拒绝。

403.2 禁止访问：读取访问被拒绝。

403.3 禁止访问：写入访问被拒绝。

403.4 禁止访问：需要使用 SSL 查看该资源。

403.5 禁止访问：需要使用 SSL 128 查看该资源。

403.6 禁止访问：客户端的 IP 地址被拒绝。

403.7 禁止访问：需要 SSL 客户端证书。

403.8 禁止访问：客户端的 DNS 名称被拒绝。

403.9 禁止访问：太多客户端试图连接到 Web 服务器。

403.10 禁止访问：Web 服务器配置为拒绝执行访问。

403.11 禁止访问：密码已更改。

403.12 禁止访问：服务器证书映射器拒绝了客户端证书访问。

403.13 禁止访问：客户端证书已在 Web 服务器上吊销。

403.14 禁止访问：在 Web 服务器上已拒绝目录列表。

403.15 禁止访问：Web 服务器已超过客户端访问许可证限制。

403.16 禁止访问：客户端证书格式错误或未被 Web 服务器信任。

403.17 禁止访问：客户端证书已经到期或者尚未生效。

403.18 禁止访问：无法在当前应用程序池中执行请求的 URL。

403.19 禁止访问：无法在该应用程序池中为客户端执行 CGI。

403.20 禁止访问：Passport 登录失败。

404 找不到文件或目录。

404.1 文件或目录未找到：网站无法在所请求的端口访问。

需要注意的是，404.1 错误只会出现在具有多个 IP 地址的计算机上。如果在特定 IP 地址/端口组合上收到客户端请求，而且没有将 IP 地址配置为在该特定的端口上侦听，则 IIS 返回 404.1 HTTP 错误。例如，如果一台计算机有两个 IP 地址，而只将其中一个 IP 地址配置为在端口 80 上侦听，则另一个 IP 地址从端口 80 收到的任何请求都将导致 IIS 返回 404.1 错误。只应在此服务级别设置该错误，因为只有当服务器上使用多个 IP 地址时才会将它返回给客户端。

404.2 文件或目录无法找到：锁定策略禁止该请求。

404.3 文件或目录无法找到：MIME 映射策略禁止该请求。

405 用于访问该页的 HTTP 动作未被许可。

406 客户端浏览器不接受所请求页面的 MIME 类型。

407 Web 服务器需要初始的代理验证。

410 文件已删除。

412 客户端设置的前提条件在 Web 服务器上评估时失败。

414 请求 URL 太大，因此在 Web 服务器上不接受该 URL。

500 服务器内部错误。

500.11 服务器错误：Web 服务器上的应用程序正在关闭。

500.12 服务器错误：Web 服务器上的应用程序正在重新启动。

500.13 服务器错误：Web 服务器太忙。

500.14 服务器错误：服务器上的无效应用程序配置。

500.15 服务器错误：不允许直接请求 GLOBAL.ASA。

500.16 服务器错误：UNC 授权凭据不正确。

500.17 服务器错误：URL 授权存储无法找到。

500.18 服务器错误：URL 授权存储无法打开。

500.19 服务器错误：该文件的数据在配置数据库中配置不正确。

500.20 服务器错误：URL 授权域无法找到。

500 100 内部服务器错误：ASP 错误。

501 标题值指定的配置没有执行。

502 Web 服务器作为网关或代理服务器时收到无效的响应。

2. 并发数据分析

Running Vusers（运行的并发数）显示了在场景执行过程中并发数的执行情况。它们显示 Vuser 的状态、完成脚本的 Vuser 数量以及集合点统计信息。将这些图与事务图结合使用可以确定 Vuser 的数量对事务响应时间产生的影响。图 8-30 显示了在 OA 系统考勤业务性能测试过程中 Vusers 的运行情况。从图中可以看到，Vusers 运行趋势与场景执行计划中的设置是一样的，表明在场景执行过程中，Vusers 是按照预期的设置运行的，没有 Vuser 出现运行错误，这样从另一个侧面说明参数化设置是正确的，因为使用唯一数进行参数化设置，如果设置不正确，将会导致 Vuser 运行错误。在脚本中加入了这样一段代码：

```
if(atoi(lr_eval_string("{signflag}"))>0)
    {        lr_output_message("sign ok");
             return 0;
```

```
    }
    else
    {
        lr_error_message("sign fail");
        return -1;
    }
```

上述代码的意思是，如果考勤失败了，就退出脚本的迭代。那么什么原因可能会导致考勤失败呢？就是前面参数化的设置，一旦 Vuser 分配不到正确的登录账号，就可能导致考勤失败，从而引起 Vuser 停止运行。所以，从图 8-30 的表现来看，可以认为参数化是没有问题的。

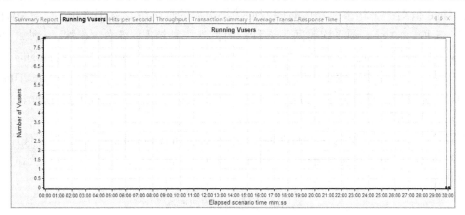

图 8-30　并发用户数执行趋势图

3. 响应时间

在性能测试要求中知道，有一项指标是要求登录、考勤业务操作的页面响应时间不超过 3 秒，那么本次测试是否达到了这个要求呢？先来看 Average Transaction Response Time（平均事务响应时间图）（见图 8-31）。

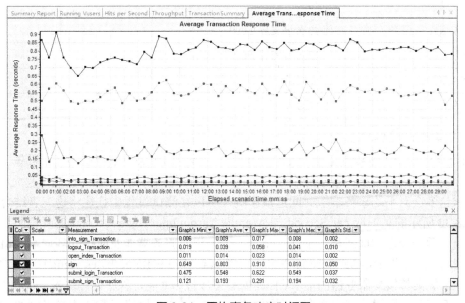

图 8-31　平均事务响应时间图

从图形下部可以看到,登录部分对应的 Action 是 submit_login,考勤业务提交对应的 Action 是 submit_sign，两者 Average Time（平均响应时间）分别是 5.659 秒与 0.333 秒。从这两个数值来看，考勤业务的事务响应时间 0.333 秒小于预期的 3 秒，达到了要求；而登录时间是 5.659 秒，其中包括 5 秒的思考时间，如果去除思考时间，则为 0.659，小于预期的 3 秒，同样符合要求。在平时的性能测试活动中，统计结果的时候需要去掉思考时间，加上思考时间是为了真实地模拟用户环境，统计结果中除去思考时间是为了更真实地反映服务器的处理能力，两者并不矛盾。

看完了 Average Time，再看 90 Percent Time。这个时间从某种程度来说，更准确地衡量了测试过程中各个事务的真实情况，表示 90%的事务，服务器的响应都维持在某个值附近。Average Time 值对于平均事务响应时间变动趋势很大的情况统计就不准确了，比如有三个时间：1 秒、5 秒、12 秒，则平均时间为 6 秒；而另外一种情况：5 秒、6 秒、7 秒，平均时间也为 6 秒，显然第二种比第一种要稳定多了。所以，在查看平均事务响应时间的时候，先看整体曲线走势，如果整体趋势比较平滑，没有忽上忽下的波动情况，取 Average Time 与 90 Percent Time 都可以；如果整体趋势毫无规律，波动非常大，就不用 Average Time，而使用 90 Percent Time 可能更真实些。

从图 8-31 可以看出，所有 Action 平均事务响应时间的趋势都非常平滑，所以使用 Average Time 与 90 Percent Time 差别不是很大，用哪个都可以。根据上面的计算，本次测试结果记录如表 8-7 所示。

表 8-7 测试结果对照表一

测试项	目标值	实际值	是否通过
登录业务响应时间	≤3 秒	0.659 秒	Y
考勤业务响应时间	≤3 秒	0.333 秒	Y
登录业务成功率	100%		
考勤业务成功率	100%		
登录业务总数	30 分钟完成 2 000		
考勤业务总数	30 分钟完成 2 000		
CPU 使用率	≤80%		
内存使用率	≤80%		

4. 点击数与吞吐量

Hits per Second（每秒点击数）反映了客户端每秒钟向服务器端提交的请求数量，如果客户端发出的请求数量越多，与之相对的 Average Throughput (bytes/second)也应该越大，并且发出的请求越多会对平均事务响应时间造成影响，所以在测试过程中往往将这三者结合起来分析。图 8-32 所示的是 Hits per Second 与 Average Throughput (bytes/second)的复合图。从图中可以看出，两种图形的曲线都正常并且基本一致，说明服务器能及时接受客户端的请求，并能够返回结果。如果 Hits per Second 正常，而 Average Throughput (bytes/second)不正常，则表示服务器虽然能够接受服务器的请求，但返回结果较慢，可能是程序处理缓慢。如果 "Hits per Second" 不正常，则说明客户端存在问题，这种问题一般是网络引起的或者录制的脚本有问题，未能正确模拟用户行为。具体问题具体分析，这里仅给出一些建议。

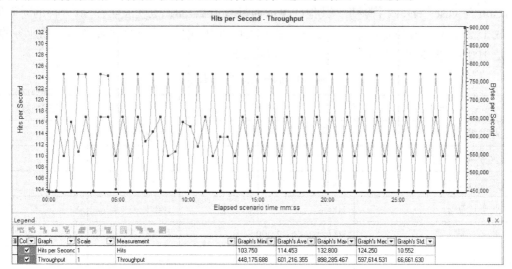

图 8-32　每秒点击数与每秒吞吐量复合图

对于本次测试来说，Hits per Second 与 Average Throughput (bytes/second)都是正常的，而且整体表现还是不错的。

一般情况下，这两种指标用于性能调优，例如，给定了几个条件，去检测另外一个条件，用这两个指标衡量，往往起到很好的效果。而要比较某两种硬件平台的优劣，就可以使用相同的配置方法部署软件系统，然后使用相同的脚本、场景设计、统计方法去分析，最终得出一个较优的配置。

5. 业务成功率

业务成功率这个指标在很多系统中都提到过，如电信运营系统、金融交易系统、企业资源管理平台等。

排除那些复杂的业务，比如异步处理的业务（移动的套卡开通），业务成功率就是事务成功率，用户一般把一个 Action 当作一笔业务/交易，LoadRunner 场景执行中一笔交易称为一个事务。所以，业务成功率其实就是事务成功率、通过率的意思。从 Transaction Summary 中可以很明确地看到每个事务的执行状态，如图 8-33 所示。

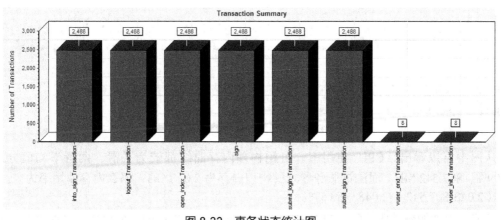

图 8-33　事务状态统计图

从图中可以看出，所有的 Action 都是绿色的，即表示所有业务全部 Passed。同时，除了 vuser_init 与 vuser_end 两个事务，其他的事务通过数为 2 488，也就表明在 30 分钟的时间里，共完成了 2 488 次考勤业务操作。根据这些数据可以判断本次测试登录业务与考勤业务的成功率是 100%，再次更新测试结果记录表，如表 8-8 所示。

表 8-8　测试结果对照表二

测试项	目标值	实际值	是否通过
登录业务响应时间	≤3 秒	0.659 秒	Y
考勤业务响应时间	≤3 秒	0.333 秒	Y
登录业务成功率	100%	100%	Y
考勤业务成功率	100%	100%	Y
登录业务总数	30 分钟完成 2 000	2 488	Y
考勤业务总数	30 分钟完成 2 000	2 488	Y
CPU 使用率	≤80%		
内存使用率	≤80%		

6. 系统资源

系统资源图显示场景执行过程中被监控的机器系统资源使用数据。一般情况下监控机器的 CPU、内存、网络、磁盘等各个方面。本次测试监控的是测试服务器的 CPU 使用率与内存使用率，具体数据如图 8-34 所示。

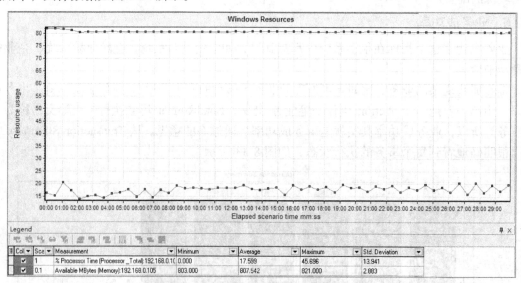

图 8-34　测试服务器系统资源监控结果图

从图中可以看出，CPU 使用率、可用物理内存曲线都较为平滑，两者平均值分别为 17.599%、807.542 MB，而测试服务器总的物理内存为 2 048 GB，那么内存使用率为

$$（2\ 048-807.542）/2\ 048 \approx 60.57\%$$

根据本次性能测试要求的"CPU 使用率不超过 80%，物理内存使用率不超过 80%"这两

点来看，CPU 使用率 17.599% 明显低于预期的 80%，内存使用率 60.57% 也低于预期的 80%，故 CPU 及内存都达标。

获得上述数据后，最新的测试结果记录表如表 8-9 所示。

表 8-9 测试结果对照表三

测试项	目标值	实际值	是否通过
登录业务响应时间	≤3 秒	0.659 秒	Y
考勤业务响应时间	≤3 秒	0.333 秒	Y
登录业务成功率	100%	100%	Y
考勤业务成功率	100%	100%	Y
登录业务总数	30 分钟完成 2 000	2 488	Y
考勤业务总数	30 分钟完成 2 000	2 488	Y
CPU 使用率	≤80%	17.599%	Y
内存使用率	≤80%	60.57%	Y

从上述数据来看，本次测试所有指标达到预期性能指标，测试通过。

7．网页细分图

网页细分图可以评估页面内容是否影响事务响应时间。使用网页细分图，可以分析网站上有问题的元素（如下载很慢的图像或打不开的链接）。

默认情况下，网页细分图组不会显示，需手动添加。添加 "Web Page Diagnostics" 后，双击 "Page Download Time Breakdown"，出现 "Page Download Time Breakdown" 监控图。

在监控图列表中看到图 8-35。从图中得知，在所有的页面中，登录后的用户个人页面 "http://192.168.0.52:8080/oa/oa.jsp" 的下载时间最长。

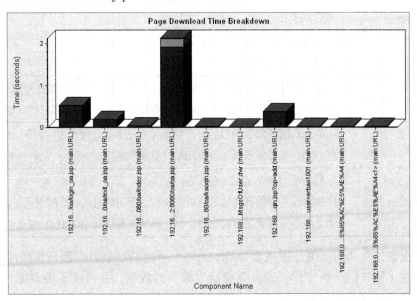

图 8-35 网页下载时间细分图

图 8-36 详细列出了每个页面所消耗的时间分布。

Color	Scale	Measurement	Minimum	Average	Maximum	Std. Deviation
☑	1	Client Time	0	0.001	2.424	0.029
☑	1	Connection Time	0	0	0.125	0.003
☑	1	DNS Resolution Time	0	0	0	0
☑	1	Error Time	0	0	0	0
☑	1	First Buffer Time	0	0.15	18.929	0.5
☑	1	FTP Authentication Time	0	0	0	0
☑	1	Receive Time	0	0.01	4.92	0.091
☑	1	SSL Handshaking Time	0	0	0	0

图 8-36　oa.jsp 页面下载时间分布图

图中每一个指标含义如表 8-10 所示。该表由 LoadRunner 使用手册提供。通过这些指标的数据显示，性能测试人员可以轻易判断是哪个页面、哪个请求导致了响应时间变长，甚至响应失败。

表 8-10　网页下载时间细分指标说明

名　　称	描　　述
Client Time	显示因浏览器思考时间或其他与客户端有关的延迟而使客户机上的请求发生延迟时所经过的平均时间
Connection Time	显示与包含指定 URL 的 Web 服务器建立初始连接所需的时间。连接度量是一个很好的网络问题指示器。此外，它还可表明服务器是否对请求做出响应
DNS Resolution Time	显示使用最近的 DNS 服务器将 DNS 名称解析为 IP 地址所需的时间。DNS 查找度量是指示 DNS 解析问题或 DNS 服务器问题的一个很好的指示器
Error Time	显示从发出 HTTP 请求到返回错误消息（仅限于 HTTP 错误）期间经过的平均时间
First Buffer Time	显示从初始 HTTP 请求（通常为 GET）到成功收回来自 Web 服务器的第一次缓冲为止所经过的时间。第一次缓冲度量是很好的 Web 服务器延迟和网络滞后指示器 （注意：由于缓冲区大小最大为 8KB，因此第一次缓冲时间可能也就是完成元素下载所需的时间）
FTP Authentication Time	显示验证客户端所用的时间。如果使用 FTP，则服务器在开始处理客户端命令之前，必须验证该客户端。FTP 验证度量仅适用于 FTP 协议通信
Receive Time	显示从服务器收到最后一个字节并完成下载之前经过的时间。接收度量是很好的网络质量指示器（查看用来计算接收速率的时间 / 大小比率）
SSL Handshaking Time	显示建立 SSL 连接（包括客户端 hello、服务器 hello、客户端公用密钥传输、服务器证书传输和其他部分可选阶段）所用的时间。此时刻后，客户端和服务器之间的所有通信都被加密。SSL 握手度量仅适用于 HTTPS 通信

对于本次测试，从网页细分图来看，基本上每个页面的加载时间都是预期范围内，oa.jsp 页面因为集成了用户的个人工作平台，需要检索很多的数据，并合成了很多图片，所以相应的加载时间较长，这是正常的。

8．Web 服务器资源

上述所有的监控图形 LoadRunner 都可以提供，但对于某些测试监控图来说，LoadRunner 则未能提供。监控 Tomcat、JBoss 或者其他的 Web 服务器可以使用其他工具。本次测试采用的是 ManageEngine Applications Manager 12 的试用版，测试结束后得出 Tomcat 的 JVM 使用率如图 8-37 所示。

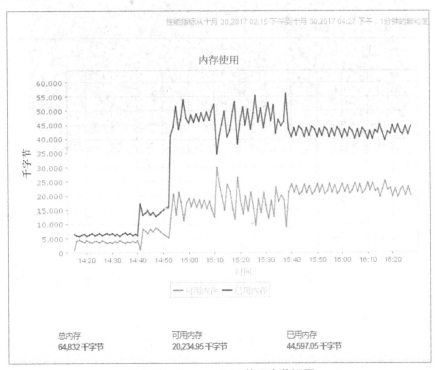

图 8-37　Tomcat JVM 使用率监视图

本次测试时间从 15:09 开始，到 15:39 结束，共历时 30 分 6 秒。分析 Tomcat 的 JVM 使用率，则可分析 15:10 到 15:40 这段区域。

测试场景开始后，JVM 内存使用率相比之前有所提升，但整个过程趋于稳定，总共内存为 64 MB，测试过程中已使用的内存持续维持在 45 MB 左右，则使用率为 45/64=70%。虽然整个测试过程响应时间相对稳定且满足测试需求，但仍有较大提升空间。一旦测试周期变长，可能会出现内存不足方面的问题，可适当增加 JVM 内存。

如何为 Tomcat 分配更多的内存呢？

如果使用 catalina.sh 或 Catalina.bat 启动 Tomcat，则可在这两个文件中添加 "SET CATALINA_OPTS= -Xms300m –Xmx300m"。

如果使用 winnt 服务方式启动 Tomcat，则可在"运行"中输入"regedit"进入注册表，然后在 "HKEY_LOCAL_MACHINE→SOFTWARE→Apache Software Foundation→Process Runner 1.0→Tomcat5→Parameters" 中修改两个属性：一个是 JvmMs，另一个是 JvmMx，如图 8-38 所示，将 JvmMs 和 JvmMx 修改为相同数值。

图 8-38　修改 Tomcat 的 JVM 数据

8.2.10　性能调优与回归测试

测试结果分析完成后，即可进行性能问题确定与优化操作。通常情况下，系统出现性能问题的表象特征有以下几种。

（1）响应时间平稳但较长。

测试一开始，响应时间就很长，即使减少 Vuser 数量，减少负载，场景快执行结束，响应时间仍然很长。

（2）响应时间逐步变长。

测试过程中，负载不变，但运行时间越长，响应时间越长，直至出现很多错误。

（3）响应时间随着负载变化而变化。

负载增加，响应时间变长；负载减少，响应时间下降，资源使用率也下降。

（4）数据积累导致锁定。

起初运行正常，但数据量积攒到一定量，立刻出现错误，无法消除，只能重启系统。

（5）稳定性差。

特定场景或运行周期很长以后，突然出现错误，系统运行缓慢。

以上是性能测试过程中碰到的几种性能有问题的特征。一旦出现上述几种情况，基本可以判定系统存在性能问题。接下来针对具体问题具体分析，从而发现问题并提出解决办法。

响应时间长，系统越来越慢，出现业务错误，通常由以下几种情况造成。

（1）物理内存资源不足；

（2）内存泄露；

（3）资源争用；

（4）外部系统交互；

（5）业务失败时频繁重试，无终止状态；

（6）中间件配置不合理；

（7）数据库连接设置不合理；

（8）进程/线程设计错误。

分析过程中，假设每一个猜想是正确的，然后逐一排除。

结合上述问题，本次性能测试未发现类似问题，所有指标均满足预先设定，故本次性能测试通过。

微课 8.2.10　性能
调优与回归测试

性能测试是个严谨的推理过程，一切以数据说话，在没有明确证据证明系统存在性能问题的时候，千万不可随意调整代码、配置甚至是架构。因为一旦调整了，就必须重新开展功能及性能回归测试，而且可能影响现网业务。

性能调优后，需做功能及性能的回归测试，从而保证调优活动正确完成，且未造成额外的影响。

实训课题

1. 简述性能测试必要性评估方法。
2. 简述性能测试需求分析流程。
3. 简述性能测试指标包含哪些。
4. 独立完成考勤业务性能测试过程并输出报告。

产品名称 Product Name	密级 Confidentiality Level
OA 系统	秘密
产品版本 Product Version	共 6 页
V 1.00	

OA 系统测试计划

拟制		日期	2017-10-21
审核		日期	

修订记录

日　　期	修订版本	描　　述	作　　者

OA 系统测试计划

关键词：系统测试计划　测试对象　测试任务　工作量　资源

摘　　要：根据 OA 系统项目工作任务书和 OA 需求规格说明书的要求，对项目测试过程中涉及的人力、物力资源、应交付工作产品、测试通过/失败标准等项做了说明，旨在为相关人员的系统测试活动提供指导。

缩略语清单：无

参考资料清单：

名　　称	作　　者	编号	发布日期	出版单位
OA 系统需求规格说明书	OA 项目组		2017-10-16	研发部
OA 系统工作任务书	OA 项目组		2017-10-16	PM

1. 目标

本计划旨在对 OA 系统的以下各项内容进行明确的标识，使系统测试活动可以顺利有效地执行。

（1）测试需求

（2）组织结构，结构间的关系及成员职责

（3）测试进度，任务安排

（4）测试通过/失败标准

（5）测试挂起/恢复标准

（6）应交付测试工作产品

2. 概述

2.1 项目背景

OA 系统项目是为满足大型企业协同管理的需求而开发的新一代先进的协同平台套件系统。

2.2 范围

本文档的主要阅读对象为 OA 系统的测试人员。通过本文档，为系统测试设计、实现、执行活动提供指导。

3. 组织形式

（1）OA 系统由项目经理总负责，涉及开发组、测试组及 CMO（配置管理员），各组之间的关系如图附 1-1 所示。

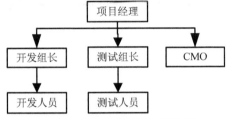

图附 1-1　项目团队组织结构图

（2）测试组与项目经理、CMO、开发组合作协调遵照公司既定流程执行，如图附 1-2 所示。

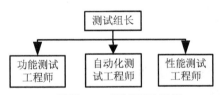

图附 1-2　测试团队组织

系统测试团队成员职责说明如下。

测试组长：

（1）负责系统测试计划、测试方案制订；

（2）负责人力、物力资源分配、协调；

（3）负责向项目经理汇报项目测试进展情况；

（4）负责与开发组、CMO 工作协调；

（5）审核缺陷报告单；

（6）根据测试需要，组织项目专业知识、测试工具培训。

功能测试工程师：

（1）负责系统需求分析与提取；

（2）负责系统测试用例设计与管理；

（3）负责系统测试执行；

（4）负责缺陷跟踪管理。

自动化测试工程师：

（1）负责系统自动化测试框架设计；

（2）负责自动化测试脚本开发；

（3）负责自动化测试脚本执行；

（4）负责自动化测试脚本维护。

性能测试工程师：

（1）负责系统性能测试需求分析与提取；

（2）负责调研及确定性能测试指标；

（3）负责性能测试场景及脚本用例设计；

（4）负责性能测试脚本及场景开发；

（5）负责性能测试实施及结果分析。

注意：以上只是对各项任务按角色进行划分，实际执行过程中，一人需担当多项角色。

4．测试对象

4.1　功能业务

（1）图书管理

（2）资产管理

（3）办公用品管理

（4）车辆管理

（5）工作流管理

（6）考勤功能

4.2　性能业务

考勤模块性能测试

4.3　用户接口

OA 系统界面，见 OA 系统帮助说明。

5．测试通过/失败标准

（1）重要级别为高、中的用例全部执行通过；重要级别为低的用例 90％执行通过。

（2）缺陷修复率达到 90％以上。

6．测试挂起标准及恢复条件

6.1　系统测试挂起标准

（1）基本功能测试出现致命问题，导致 50％的用例无法执行；

（2）版本质量太差，60％的用例执行失败；

（3）测试环境出现故障，导致测试无法执行；

（4）其他突发事件，如需要优先测试其他产品。

6.2　系统测试恢复条件

（1）基本功能测试通过，可执行进一步的测试；

（2）版本质量提高，用例执行通过率达到 70%；

（3）测试环境修复；

（4）突发事件处理完成，可继续正常测试。

7. 测试任务安排

7.1 OA 系统测试计划

7.1.1 方法和标准

遵照 OA 系统测试计划模板

7.1.2 输入/输出

OA 系统需求规格说明书、OA 系统测试计划

7.1.3 时间安排

2017-11-1

7.1.4 资源

人力：2 人时

设备：PC1 台

7.1.5 风险和假设

OA 系统需求规格说明书无法按时完成评审签发，测试计划设计顺延。

7.1.6 角色和职责

由测试组长张三负责系统测试计划制订。

7.2 OA 系统测试设计

7.2.1 方法和标准

遵照 OA 系统测试方案模板

7.2.2 输入/输出

OA 系统需求规格说明书、OA 系统测试计划/OA 系统测试方案

7.2.3 时间安排

2017-11-3

7.2.4 资源

人力：3 人时

设备：PC1 台

7.2.5 风险和假设

OA 系统测试计划无法按时完成评审签发，测试方案设计顺延。

7.2.6 角色和职责

由测试组长张三负责系统测试方案的设计。

7.3 OA 系统测试实现

7.3.1 方法和标准

遵照 OA 系统测试用例、测试规程模板

7.3.2 输入/输出

OA 系统需求规格说明书、OA 系统测试计划、OA 系统测试方案、OA 系统测试用例、OA 系统测试规程

7.3.3　时间安排

2017-11-7~2017-11-18

7.3.4　资源

人力：60 人时

设备：PC 三台

7.3.5　风险和假设

OA 系统测试方案无法按时通过评审签发，测试用例和测试规程设计顺延。

7.3.6　角色和职责

测试组员李四等人完成 OA 系统测试用例设计。

7.4　OA 系统测试执行

7.4.1　方法和标准

遵照 OA 系统测试日报、OA 系统缺陷记录、OA 系统缺陷报告、OA 系统测试报告模板

7.4.2　输入/输出

OA 系统需求规格说明书、OA 系统测试计划、OA 系统测试方案、OA 系统测试日报、OA 系统缺陷记录、OA 系统缺陷报告、OA 系统测试报告。

7.4.3　时间安排

2017-11-20　第一轮测试

2017-11-26 第二轮测试

2017-11-29 测试报告提交

7.4.4　资源

人力：9 人时

设备：PC 三台

7.4.5　风险和假设

（1）OA 系统测试用例、OA 系统测试规程无法按时完成评审签发，测试执行顺延。

（2）测试版本质量太差，无法按时完成测试任务。

7.4.6　角色和职责

由测试组长张三、组员李四等人执行三轮测试。

8.　应交付测试工作产品

序　号	交付工作产品	提交时间	提交人员
1	OA 系统测试计划	2017-11-1	张三
2	OA 系统测试方案	2017-11-3	张三
3	OA 系统测试用例	2017-11-7~2017-11-18	张三、李四
4	OA 系统测试规程	2017-11-7	张三、李四
5	OA 系统测试日报 OA 系统缺陷记录 OA 系统缺陷报告	2017-11-20~2017-11-29	张三、李四
6	OA 系统测试报告	2017-11-29	张三

9. 工作量估计

序　号	任　务	人员安排	工作量
1	系统测试计划	张三	2 人时
2	系统测试设计	张三	3 人时
3	系统测试实现	张三、李四	60 人时
4	系统测试执行	张三、李四	60 人时
5	用例、规程更新	张三、李四	3 人时

10. 资源分配

测试人员：张三、李四。

测试机器：PC 三台。

测试环境：Windows XP，Windows 7、IE 7/8/9。

附录 ❷　OA 系统测试方案

产品名称 Product Name	密级 Confidentiality Level
OA 系统	秘密
产品版本 Product Version	共 6 页
V 1.00	

OA 系统测试方案

拟制		日期	
审核		日期	

修订记录

日　期	修订版本	描　述	作　者

OA 系统测试方案

1. 简介

1.1　目的

OA 系统测试方案有助于实现以下目标。

基于项目提供了确切的需求文档并参照项目组的需求规格说明书、OA 系统项目组工作计划及 OA 系统测试计划，制定本方案，重点阐述使用黑盒测试方法对 OA 系统不同模块、不同业务进行功能、UI（界面）、性能等方面的需求验证，以检查是否符合预期需求。

1.2　背景

OA 系统项目是为满足大型企业协同管理的需求而开发的新一代先进的协同平台套件系统。

1.3　范围

本方案用于指导 OA 项目测试组针对不同的测试模块、测试需求实现测试工作，文中具体阐明测试活动中需要用到的技术技能及相关测试工具。

2. 测试参考文档和测试提交文档

2.1　测试参考文档

表附 2-1 列出了制订测试计划时所使用的文档。

表附 2-1				
文档（版本/日期）	已创建或可用	已被接收或已经过复审	作者或来源	备注
OA 系统用户需求规格说明书	是■ 否□	是■ 否□	业务部	
测试环境搭建单	是□ 否■	是□ 否□	开发部	
测试工作流程规范	是■ 否□	是■ 否□	测试部	
缺陷管理流程定义	是■ 否□	是■ 否□	测试部	

2.2 测试提交文档

1．OA 系统测试计划

2．OA 系统测试方案

3．OA 系统测试用例

3．测试环境

3.1 测试服务器环境

软件环境（相关软件、操作系统等）

OS：Windows Server 2008 Enterprise Edition SP2

Web 服务器：Tomcat 5.5

数据库：MySQL

硬件环境（网络、设备等）

PC：普通 PC

CPU：I5

MEM：8G

DISK：SATA 1T

3.2 测试客户端环境

软件环境（相关软件、操作系统等）

OS：Windows 7 、Windows 8、Windows 10

浏览器：IE 7.0、IE 8.0、IE 9.0、IE 11/FireFox/Chrome

硬件环境（网络、设备等）

个人 PC

CPU：i3 以上

MEM：4G

DISK：500G

4．测试工具

测试使用工具如表附 2-2 所示。

表附 2-2

用　　途	工　　具	生产厂商	版　　本
测试管理	ALM	HP	11
功能测试工具	UFT	HP	12
性能测试工具	LoadRunner	HP	12

5. 测试策略

5.1 功能测试

测试目标	确保 OA 系统的功能满足 OA 系统用户需求规格说明书中的需求定义
测试范围	OA 系统用户需求规格说明书中定义的功能需求
技术	使用等价类、边界值、错误推断等用例设计方法设计本次测试的测试用例，并使用渐增式集成方法对系统功能模块进行测试
开始标准	编码完成及用例评审通过
完成标准	缺陷修复率大于 90%
测试重点和优先级	与 OA 系统用户需求规格说明书中的需求优先级一致
需考虑的特殊事项	缺陷修复率计算法则：缺陷修复率=校验通过关闭的缺陷数/总的缺陷数

5.2 用户界面测试

测试目标	通过测试进行的浏览可正确反映业务的功能和需求，这种浏览包括窗口与窗口之间、字段与字段之间的浏览，以及各种访问方法（Tab 键、鼠标移动和快捷键）的使用 窗口的对象和特征（如菜单、大小、位置、状态和中心）都符合标准
测试范围	OA 系统用户需求规格说明书中定义的 UI 需求
技术	使用静态测试方法，仔细审查界面图片、文字、按钮等界面元素的正确性与整体统一性
开始标准	系统界面设计完成并通过评审
完成标准	与 OA 系统用户需求规格说明书中的 UI 需求一致
测试重点和优先级	与 OA 系统用户需求规格说明书中的需求优先级一致
需考虑的特殊事项	

5.3 性能测试

测试目标	通过设计典型的业务场景，检查系统在大业务量下能否提供持续的服务，并且系统的资源耗用在一个合理的范围内
测试范围	OA 系统用户需求规格说明书中定义的性能需求
技术	使用专业的性能测试工具 LoadRunner 模拟多并发的操作，完成被测模块实际业务的操作
开始标准	功能测试完成
完成标准	与 OA 系统用户需求规格说明书中的性能需求一致
测试重点和优先级	与 OA 系统用户需求规格说明书中的需求优先级一致
需考虑的特殊事项	

6. 问题严重度描述

问题严重度描述如表附 2-3 所示。

表附 2-3

问题严重度	描　述	响应时间
高	系统崩溃，宕机，功能实现错误	0.5 个工作日完成
中	页面响应慢，页面布局错乱，有错别字	1 个工作日完成
低	一些用户体验方面的问题	2 个工作日完成

附录 ③ OA 系统功能测试用例集

产品名称 Product Name	密级 Confidentiality Level
OA 系统	秘密
产品版本 Product Version	共 6 页
V 1.00	

OA 系统功能测试用例集

拟制		日期	
审核		日期	

修订记录

日　　期	修订版本	描　　述	作　　者

OA 系统功能测试用例集

OA-ST-图书管理-类别管理用例集
　添加类别

用例编号	OA-ST-图书管理-类别管理-添加类别-001
测试项	新增图书类别功能测试
测试标题	验证类别名称为空时系统处理
用例属性	功能测试
重要级别	中
预置条件	登录用户具有图书类别管理权限
测试输入	类别名称：无
操作步骤	不输入任何内容，单击【确定】按钮
预期结果	系统弹出对话框提示"类别名称不能为空"
实际结果	

用例编号	OA-ST-图书管理-类别管理-添加类别-002
测试项	新增图书类别功能测试
测试标题	验证类别名称为空格时系统处理
用例属性	功能测试
重要级别	低
预置条件	登录用户具有图书类别管理权限
测试输入	类别名称：空格
操作步骤	（1）输入测试数据； （2）单击【确定】按钮
预期结果	系统弹出对话框提示"类别名称不能为空格"
实际结果	

用例编号	OA-ST-图书管理-类别管理-添加类别-003
测试项	新增图书类别功能测试
测试标题	验证类别名称为超过 20 个字符时系统处理
用例属性	功能测试
重要级别	中
预置条件	登录用户具有图书类别管理权限
测试输入	类别名称：20 个以上任意长度字符，包括汉字、字母、特殊符号
操作步骤	（1）输入测试数据； （2）单击【确定】按钮
预期结果	系统弹出对话框提示"类别名称不能超过 20 个字符"
实际结果	

用例编号	OA-ST-图书管理-类别管理-添加类别-004
测试项	新增图书类别功能测试
测试标题	验证类别名称包含单引号时系统处理
用例属性	功能测试
重要级别	中
预置条件	登录用户具有图书类别管理权限
测试输入	类别名称：软件测试
操作步骤	（1）输入测试数据； （2）单击【确定】按钮
预期结果	系统弹出对话框提示"操作成功"，无脚本错误
实际结果	

用例编号	OA-ST-图书管理-类别管理-添加类别-005
测试项	新增图书类别功能测试
测试标题	验证类别名称包含 html 源代码时系统处理
用例属性	功能测试
重要级别	低
预置条件	登录用户具有图书类别管理权限
测试输入	类别名称：软件<input type="button" name="hello">
操作步骤	（1）输入测试数据； （2）单击【确定】按钮
预期结果	系统弹出对话框提示"类别名称含有非法字符"
实际结果	

用例编号	OA-ST-图书管理-类别管理-添加类别-006
测试项	新增图书类别功能测试
测试标题	验证类别名称为合法数据时系统处理
用例属性	功能测试
重要级别	高
预置条件	登录用户具有图书类别管理权限
测试输入	类别名称：软件开发
操作步骤	（1）输入测试数据； （2）单击【确定】按钮
预期结果	系统弹出对话框提示"操作成功"，确定后界面自动刷新，显示所添加的"软件开发"类别
实际结果	

修改类别

用例编号	OA-ST-图书管理-类别管理-修改类别-001
测试项	修改图书类别功能测试
测试标题	验证修改类别名称为合法数据时系统处理
用例属性	功能测试
重要级别	高
预置条件	登录用户具有图书类别管理权限
测试输入	类别名称：软件开发
操作步骤	（1）单击【编辑】按钮，系统读出原类别名称； （2）输入测试数据； （3）单击【确定】按钮
预期结果	系统弹出对话框提示"编辑成功"，确定后界面自动刷新，显示修改后的"软件开发"类别
实际结果	

用例编号	OA-ST-图书管理-类别管理-修改类别-002
测试项	修改图书类别功能测试
测试标题	验证修改类别名称包含单引号数据时系统处理
用例属性	功能测试
重要级别	中
预置条件	登录用户具有图书类别管理权限
测试输入	类别名称：软件'开发
操作步骤	（1）单击【编辑】按钮，系统读出原类别名称； （2）输入测试数据； （3）单击【确定】按钮
预期结果	系统弹出对话框提示"编辑成功"，确定后界面自动刷新，显示修改后的"软件开发"类别
实际结果	

用例编号	OA-ST-图书管理-类别管理-修改类别-003
测试项	修改图书类别功能测试
测试标题	验证修改类别名称为空时系统处理
用例属性	功能测试
重要级别	中
预置条件	登录用户具有图书类别管理权限
测试输入	类别名称：无
操作步骤	（1）单击【编辑】按钮，系统读出原类别名称； （2）输入测试数据； （3）单击【确定】按钮
预期结果	系统弹出对话框提示"类别名称不能为空"，确定后页面不做任何响应，原始数据正常显示
实际结果	

用例编号	OA-ST-图书管理-类别管理-修改类别-004
测试项	修改图书类别功能测试
测试标题	验证修改类别名称为空格数据时系统处理
用例属性	功能测试
重要级别	低
预置条件	登录用户具有图书类别管理权限
测试输入	类别名称：空格
操作步骤	（1）单击【编辑】按钮，系统读出原类别名称； （2）输入测试数据； （3）单击【确定】按钮
预期结果	系统弹出对话框提示"类别名称不能为空格"，确定后页面不做任何响应，原始数据正常显示
实际结果	

用例编号	OA-ST-图书管理-类别管理-修改类别-005
测试项	修改图书类别功能测试
测试标题	验证修改类别名称超过 20 个数据长度时系统处理
用例属性	功能测试
重要级别	中
预置条件	登录用户具有图书类别管理权限
测试输入	类别名称：20 个以上任意长度字符，包括汉字、字母、特殊符号
操作步骤	（1）单击【编辑】按钮，系统读出原类别名称； （2）输入测试数据； （3）单击【确定】按钮
预期结果	系统弹出对话框提示"类别名称不能超过 20 个字符"，确定后页面不做任何响应，原始数据正常显示
实际结果	

用例编号	OA-ST-图书管理-类别管理-修改类别-006
测试项	修改图书类别功能测试
测试标题	验证修改类别名称包含 HTML 源代码时系统处理
用例属性	功能测试
重要级别	低
预置条件	登录用户具有图书类别管理权限
测试输入	类别名称：软件<input type="button" name="hello">
操作步骤	（1）单击【编辑】按钮，系统读出原类别名称； （2）输入测试数据； （3）单击【确定】按钮
预期结果	系统弹出对话框提示"类别名称非法"，确定后页面不做任何响应，原始数据正常显示
实际结果	

删除类别

用例编号	OA-ST-图书管理-类别管理-删除类别-001
测试项	删除图书类别功能测试
测试标题	验证删除类别功能是否实现
用例属性	功能测试
重要级别	高
预置条件	登录用户具有图书类别管理权限
测试输入	期望删除的图书类别
操作步骤	（1）选择期望删除的类别名称，单击【删除】按钮； （2）系统提示"确认要删除'×××'"； （3）单击【确定】按钮，完成删除操作，单击【取消】按钮，放弃删除操作
预期结果	完成删除后，页面自动刷新，删除的名称不再显示。如果取消删除，则页面不做任何响应
实际结果	

附录 ④ OA 系统功能测试报告

产品名称 Product Name	密级 Confidentiality Level
	秘密
产品版本 Product Version	

OA 系统功能测试报告

拟制		日期	
审核		日期	

修订记录

日　期	修订版本	描　述	作　者

OA 系统功能测试报告

1. 测试说明

OA 系统功能测试报告用于反映 OA 系统的整体功能性状况，以本报告结果验证系统功能性需求是否与 OA 系统用户需求规格说明书一致，同时作为项目组决定是否发布本项目的数据依据。

2. 测试范围

本项目测试范围为 OA 系统用户需求规格说明书中定义的所有功能、UI（界面）方面已明确的需求，未涉及性能测试，性能测试将会进行独立测试及报告输出。

3. 测试环境

系统环境标准配置如表附 4-1 所示。

表附 4-1

主机用途	机型/OS	台　数	CPU/台	内存容量/台	对应 IP
OA 系统应用服务器	PC/Windows 2008 Server	1	I7	8 GB	192.168.0.105
OA 系统数据库服务器	PC/ Windows 2008 Server	1	I7	8 GB	192.168.0.105

测试客户端配置如表附 4-2 所示。

表附 4-2

主机用途	机型/OS	台数	CPU/台	内存容量/台	浏览器版本	对应 IP
模拟终端用户	PC/Windows 7	1	I5	8 GB	IE 11.0	192.168.0.100

4. 测试方法

本次测试使用黑盒测试方法，运行等价类、边界值、状态迁移等用例设计方法进行测试用例的设计，渐增式集成测试方法。先集成"我的办公桌""行政管理""个人助理""公共信息""图书管理"等模块，最后集成所有模块。

功能模块图如图附 4-1 所示。

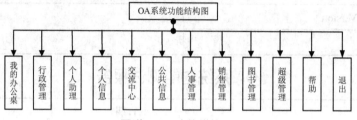

图附 4-1　功能模块图

5. 测试顺序

根据功能模块图从左到右的顺序，每个测试工程师分配相应的模块，具体任务分配见 OA 系统测试任务分配单。

6. 测试结果

6.1　功能实现状况

经过测试，OA 系统用户需求规格说明书中定义的功能基本实现。详细情况见下面的主要遗留问题。

6.2　BUG 状态分析

6.2.1　缺陷修复率（见图附 4-2）

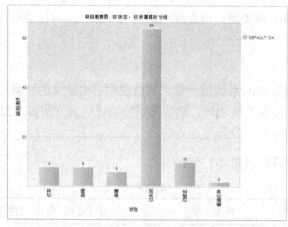

图附 4-2　缺陷修复率

从该图可以看出，"已关闭"的缺陷有 64 个，缺陷修复率为

缺陷修复率=校验通过关闭缺陷数（64 个）/总缺陷数（98 个）≈63.5%

缺陷修复率 63.5%，远远低于 OA 系统测试计划中测试通过标准设定的缺陷修复率达到 90%以上。故该系统测试不通过。

6.2.2 缺陷分布图（见图附 4-3）

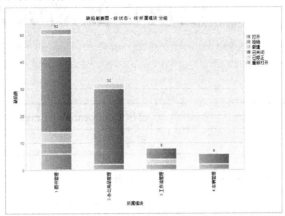

图附 4-3 缺陷分布图

从该图可以看到，"图书管理"共有 52 个缺陷，"办公用品管理"有 32 个缺陷，其次分别是"工作流管理""车辆管理"等，"图书管理""办公用品管理"的缺陷最多，下一轮测试将在"图书管理""办公用品管理"模块加大测试力度。

6.2.3 当前遗留缺陷（见图附 4-4）

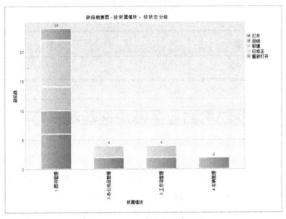

图附 4-4 当前遗留缺陷

从该图可以看到，"图书管理"模块遗留缺陷最多，达到 24 个，说明当前项目的测试工作并没有真正完成，还需要至少一个版本的测试，需测试组长、开发组长、项目经理协商如何处理这些尚未解决的缺陷。

6.3 主要遗留问题

本次测试主要遗留问题集中在 "图书管理""办公用品管理""工作流管理"，基本都是功能实现方面的问题，很多 Bug 还没有被解决。

7. 质量评价

从最终的测试数据看，本版本测试是不通过的，未能达到 OA 系统测试计划中定义的测试通过标准。从遗留的 Bug 来看，仍需要至少一个版本的迭代。

附录 ⑤　OA系统考勤业务模块性能测试方案

产品名称 Product Name	密级 Confidentiality Level
OA 系统	秘密
产品版本 Product Version	共 6 页
V 1.00	

OA 系统考勤业务模块性能测试方案

拟制		日期	
审核		日期	

修订记录

日　　期	修订版本	描　　述	作　　者

OA 系统考勤业务模块性能测试方案

1. 概述

本测试方案用于指导 OA 系统中用户登录及考勤模块性能测试工作。本文档主要描述了 OA 系统用户登录及考勤模块性能指标及测试方法，便于项目经理、研发部、测试部对 OA 系统用户登录及考勤模块性能从技术层面与实际运行表现进行评估，并指导测试工程师验证 OA 系统用户登录及考勤模块的响应速度、负载能力及系统资源耗用情况是否达到真实运行场景的压力和性能要求。

2. 测试目标

本次测试检测 OA 系统用户登录及考勤模块性能需满足表附 5-1 所示的指标。

表附 5-1

测试项	响应时间	业务成功率	业务总数	CPU 使用率	内存使用率
考勤	≤3 秒	100%	30 分钟完成 2 000	≤80%	≤80%

3. 测试设计

3.1　对象分析

OA 系统采用 B/S（Browser/Server）模式设计。用 JSP 实现前台，MySQL 做后台数据库。Web 服务器采用 Tomcat+JDK。

3.2　测试策略

使用商用压力测试工具 LoadRunner 12，模拟用户并发操作。测试用户登录及考勤功能模块在多并发、长时间业务环境下是否能够稳定正常运行，各项指标是否能够达到以上要求的标准， Applications Manager 监控 Tomcat 的 JVM 使用情况。

3.3　测试模型

正式系统组网图如图附 5-1 所示。

业务流程

OA 系统用户通过浏览器发出业务请求，经由 JSP 代码处理，转发到 Web 服务器（Tomcat），Web 服务器通过代码分析请求类别，如涉及数据库操作，则转发请求给后台数据库，最终获取数据，经过 Web 服务器组合，反馈至客户端，完成用户的业务请求。

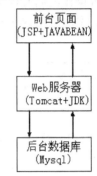

图附 5-1　正式系统组网图

3.4　测试环境描述

3.4.1　测试环境需求

系统环境标准配置如表附 5-2 所示。

表附 5-2

主机用途	机型/OS	台数	CPU/台	内存容量/台	对应 IP
OA 系统应用服务器	PC/Windows 2008 Server	1	I7	8 GB	192.168.0.105
OA 系统数据库服务器	PC/Windows 2008 Server	1	I7	8 GB	192.168.0.105

测试客户端配置如表附 5-3 所示。

表附 5-3

主机用途	机型/OS	台数	CPU/台	内存容量/台	浏览器版本	对应 IP
压力负载生成器	PC/Windows 7	1	I5	8 GB	IE 11.0	192.168.0.100

3.4.2　测试工具要求

HP 公司 LoadRunner 12 英文版，ManageEngine 公司的 ManageEngine_Applications Manager 12。

3.4.3　测试代码要求

测试执行前完成对应功能已经完成功能测试。

4. 详细测试方法

本部分主要描述测试方法、并发用户计算及测试启动等方面的内容。

4.1　测试方法综述

本次测试使用 HP 公司的性能测试工具 LoadRunner。它通过创建多个虚拟用户的方式，对录制的单用户脚本增加负载，来达到增加系统压力的测试目的。LoadRunner 提供了 Analysis 工具对压力运行的结果进行分析，得出测试脚本运行期间系统响应事务的最小时间、平均时间和最大时间等性能信息。同时可监视各后台服务器的 CPU 占用率与内存使用情况。利用该工具录制用户登录的业务模型，然后设计多用户并发登录的场景模式。对于 Web 服务器 Tomcat 的监控使用 ManageEngine 公司的 ManageEngine Applications Manager 12，主要监控 Tomcat 的 JVM 使用情况。

4.2　业务模型分析

OA 系统用户登录考勤业务模块一般集中在早上 8:40～9:10 时间段，那么登录及考勤业务操作的高峰期可能出现在这个时间段，同时，每个用户只能执行一次考勤业务，据此，本次测试的业务场景可以设置如表附 5-4 所示。

表附 5-4

步骤序号	步骤描述
1	用户打开 OA 系统首页地址
2	输入用户名 "t0001"
3	输入密码 "111111"
4	单击【登录】按钮
5	进入 t0001 个人页面，展开 "行政管理"
6	展开 "员工事务"，单击【员工考勤】链接
7	默认设置，单击页面右边的【发送】按钮
8	考勤成功，单击【退出】按钮，退出系统

4.3　并发用户计算及启动

并发数设计为 8 个，采取立刻加载所有 Vuser 办法，持续运行 30 分钟左右，30 分钟后，所有 Vuser 立刻退出。

5.　统计测试数据

根据性能测试的目的，需记录测试过程中相关的数据，如表附 5-5 所示。

表附 5-5

测试项	目标值	实际值	是否通过
登录业务响应时间	≤3 秒		
考勤业务响应时间	≤3 秒		
登录业务成功率	100%		
考勤业务成功率	100%		
登录业务总数	30 分钟完成 2 000		
考勤业务总数	30 分钟完成 2 000		
CPU 使用率	≤80%		
内存使用率	≤80%		

附录 ⑥ OA 系统考勤业务模块性能测试报告

产品名称 Product Name	密级 Confidentiality Level
	秘密
产品版本 Product Version	

OA 系统考勤业务模块性能测试报告

拟制		日期	
审核		日期	

修订记录

日　期	修订版本	描　述	作　者

OA 系统考勤业务模块性能测试报告

1. 概述

本测试报告用于说明 OA 系统用户登录及考勤模块的并发性能，检查在多用户并发登录进行考勤业务时系统的性能反应情况，以此结果指出项目的性能质量，便于项目组开展性能调优工作及决定能否发布。

2. 测试目的

本次测试从事务响应时间、并发用户数、系统资源使用等多个方面，以专业的性能测试工具，分析出当前系统的性能表现，以实际测试数据与预期的性能要求比较，检查系统是否达到既定的性能目标。

3. 测试设计

3.1　对象分析

系统采用 B/S（Browser/Server）模式设计。用 JSP 实现前台，MySQL 做后台数据库。Web 服务器采用 Tomcat。

3.2　测试策略

使用商用压力测试工具 LoadRunner12，模拟用户并发操作。测试用户登录及考勤功能模块在多并发持续 30 分钟情况下是否能够稳定正常运行，各项指标是否能够达到项目要求的标准。

4.　测试模型

4.1　测试环境需求

系统环境标准配置如表附 6-1 所示。

表附 6-1

主机用途	机型/OS	台数	CPU/台	内存容量/台	对应 IP
OA 系统应用服务器	PC/Windows 2008 Server	1	I7	8 GB	192.168.0.105
OA 系统数据库服务器	PC/Windows 2008 Server	1	I7	8 GB	192.168.0.105

测试客户端配置如表附 6-2 所示。

表附 6-2

主机用途	机型/OS	台数	CPU/台	内存容量/台	浏览器版本	对应 IP
压力负载生成器	PC/Windows 7	1	I5	8 GB	IE 11.0	192.168.0.100

4.2　测试工具要求

HP 公司 LoadRunner 12 英文版，ManageEngine 公司的 ManageEngine_Applications Manager 12。

4.3　测试代码要求

测试执行前完成对应功能已经完成功能测试。

5.　详细测试方法

本部分主要描述测试方法、并发用户计算及测试启动等方面的内容。

5.1　测试方法综述

本次测试使用 HP 公司的性能测试工具 LoadRunner。它通过创建多个虚拟用户的方式，对录制的单用户脚本增加负载，来达到增加系统压力的测试目的。LoadRunner 提供了 Analysis 工具对压力运行的结果进行分析，得出测试脚本运行期间系统响应事务的最小时间、平均时间和最大时间等性能信息。同时可监视各后台服务器的 CPU 占用率与内存使用情况。利用该工具录制用户登录的业务模型，然后设计多用户并发登录的场景模式。对于 Web 服务器 Tomcat 的监控使用 ManageEngine 公司的 ManageEngine Applicatio-ns Manager 12，主要监控 Tomcat 的 JVM 使用情况。

5.2　业务模型分析

OA 系统用户登录考勤业务模块一般集中在早上 8:40 ~ 9:10 时间段，那么登录及考勤业务操作的高峰期可能出现在这个时间段，同时，每个用户只能执行一次考勤业务，据此，本次测试的业务场景执行步骤如表附 6-3 所示。

表附 6-3

步骤序号	步骤描述
1	用户打开 OA 系统首页地址
2	输入用户名"t0001"
3	输入密码"111111"
4	单击【登录】按钮
5	进入 t0001 个人页面,展开"行政管理"
6	展开"员工事务",单击【员工考勤】链接
7	默认设置,单击页面右边的【发送】按钮
8	考勤成功,单击【退出】按钮,退出系统

5.3 并发用户计算及启动

并发数设计为 8 个,采取立刻加载所有 Vuser 办法,持续运行 30 分钟左右,30 分钟后,所有 Vuser 立刻退出。

6. 测试结果

6.1 并发数状态图

"Running Vusers(运行的并发数)"显示了在场景执行过程中并发数的执行情况,显示了在 OA 系统考勤业务性能测试过程中 Vusers 的运行情况。从图中可以看到,Vusers 的运行趋势与场景执行计划中的设置是一样的,表明在场景执行过程中,Vusers 是按照预期的设置运行的,没有 Vuser 出现运行错误。客户端按照预期发出了足够的请求。图附 6-1 所示为并发数状态图。

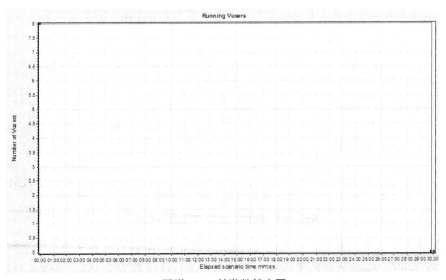

图附 6-1 并发数状态图

6.2 响应时间图

从图形下部可以看到,登录部分对应的 Action 是"submit_login",考勤业务提交对

207

应的 Action 是"submit_sign"，两者"Average Time（平均响应时间）"分别是 5.659 秒与 0.333 秒。从这两个数值来看，考勤业务的事务响应时间 0.333 秒小于预期的 3 秒，达到了要求；而登录时间是 5.659 秒，其中包括 5 秒的思考时间，如果去除思考时间，则为 0.659 秒，小于预期的 3 秒，同样符合要求。图附 6-2 所示为响应时间图。

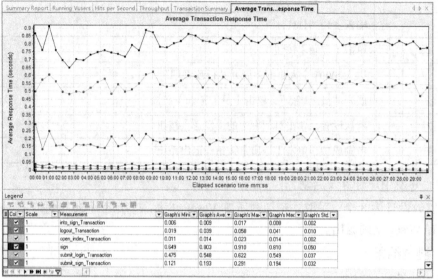

图附 6-2　响应时间图

6.3　每秒点击数/吞吐量

图附 6-3 所示为"每秒点击数"与"吞吐量"的复合图。从图中可以看出，两种图形的曲线都正常并且基本一致，说明服务器能及时地接受客户端的请求，并能够返回结果。

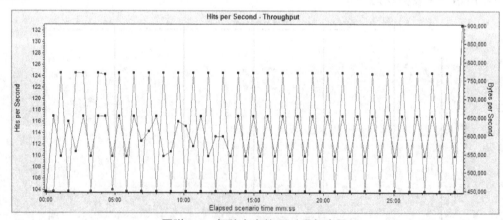

图附 6-3　每秒点击数/吞吐量复合图

从图附 6-4 中可以看出，所有的模块都是绿色的，即表示所有事务全部运行通过。除了 vuser_init 与 vuser_end 两个事务，其他事务运行通过数为 2 488，也就表明在 30 分钟的时间里，共完成了 2 488 次考勤业务操作。根据这些数据可以判断本次测试登录业务与考勤业务的成功率是 100%。

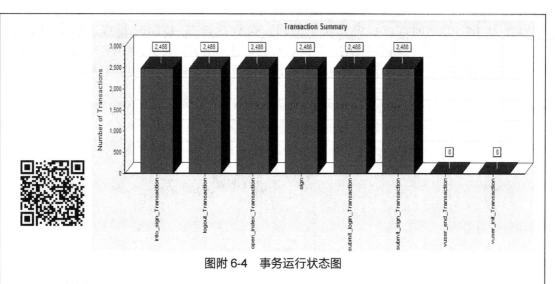

图附 6-4　事务运行状态图

6.4　系统资源

本次测试监控的是测试服务器的 CPU 使用率与内存使用率,具体的数据如图附 6-5 所示。

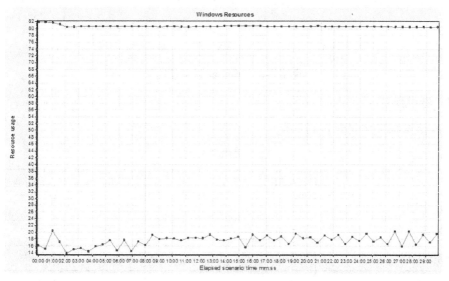

图附 6-5　内存使用率

从图中可以看出,CPU 使用率、可用物理内存曲线都较为平滑,两者平均值分别为 17.599%、807.542 MB,而测试服务器总的物理内存为 2 048 GB,那么内存使用率为 (2 048 − 807.542)/2 048 ≈ 60.57%

根据本次性能测试要求的"CPU 使用率不超过 80%,物理内存使用率不超过 80%"这两点来看,CPU 使用率 17.599% 明显低于预期的 80%,内存使用率 60.57% 也低于预期的 80%,故 CPU 及内存都达标。

6.5　Tomcat JVM 使用率

本次测试时间从 15:09 开始,到 15:39 结束,共历时 30 分 6 秒。分析 Tomcat 的 JVM 使用率,则可分析 15:10 ~ 15:40 这段区域,如图附 6-6 所示。

测试场景开始后,JVM 内存使用率相比之前有所提升,但整个过程趋于稳定,总共内存为 64 MB，测试过程中已使用的内存持续维持在 45 MB 左右，则使用率为 45/64=70%。虽然整个测试过程响应时间相对稳定且满足测试需求，但仍有较大提升空间。一旦测试周期变长，可能会出现内存不足方面的问题，可适当增加 JVM 内存。

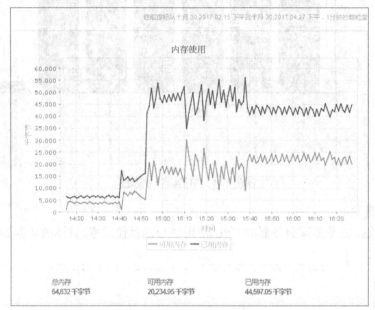

图附 6-6　Tomcat JVM 使用率

7. 测试结论

本次测试结果如表附 6-4 所示。

表附 6-4

测试项	目标值	实际值	是否通过
登录业务响应时间	≤3 秒	0.659 秒	Y
考勤业务响应时间	≤3 秒	0.333 秒	Y
登录业务成功率	100%	100%	Y
考勤业务成功率	100%	100%	Y
登录业务总数	30 分钟完成 2 000	2 488	Y
考勤业务总数	30 分钟完成 2 000	2 488	Y
CPU 使用率	≤80%	17.599%	Y
内存使用率	≤80%	60.57%	Y

从上述结果来看，内存使用率相对较高，可适当增大 Tomcat JVM 的内存分配。